普通高等教育工业设计专业"十二五"规划教材

Rhino 3D产品造型与设计

李光亮　金纯　编著

中国水利水电出版社
www.waterpub.com.cn

内 容 提 要

本书共分 7 章，内容包括 Rhinoceros 介绍，Rhino 3D 常用建模方法及介绍，Rhino 3D、Vray 工业设计建模、渲染后期加工的基本程序，Rhino 3D 中的点和线，Rhino 3D 中的面，卡车头车身建模（Rhino 3D）及渲染（3ds max&Vray），法拉利跑车建模等内容。最后还提供了 Rhino 3D 快捷键，以帮助读者学习使用方便。本书内容丰富，实例讲解系统、全面且通俗易懂，学习操作性强，易学易用。每章后面均有配套的思考题，便于学生复习思考，也可作为课堂教学的一种延续。

本书还有配套的教学光盘，收录了书中的案例模型、贴图、素材以及详细的教学视频，便于读者自学和掌握 Rhino 3D 的方法和技巧。

本书可作为相关专业的教学用书，也可作为工业产品设计、建筑设计、美术设计的广大初中级从业人员的自学指导书，高等美术院校电脑动画专业和高校相关专业师生的自学、教学参考书，社会工业造型初、中级培训班的教材。

本书附赠的两张 DVD 光盘超大容量，包括所有实例的建模文件、最终源文件，更重要的是书中分别从汽车内饰和外形两方面对造型的绘制提供了详细而又全面的解释，并配有高清教学录像和教学文件方便学习。独家揭秘 T-Splines 插件在以座椅为代表软质物体中的画法。

图书在版编目（C I P）数据

Rhino 3D产品造型与设计 / 李光亮，金纯编著. --
北京：中国水利水电出版社，2012.4
普通高等教育工业设计专业"十二五"规划教材
ISBN 978-7-5084-9615-3

Ⅰ. ①R… Ⅱ. ①李… ②金… Ⅲ. ①产品设计：计算机辅助设计－应用软件，Rhino 3D－高等学校－教材
Ⅳ. ①TB472-39

中国版本图书馆CIP数据核字(2012)第060415号

书　　名	普通高等教育工业设计专业"十二五"规划教材 **Rhino 3D 产品造型与设计**	
作　　者	李光亮　金纯　编著	
出版发行	中国水利水电出版社 （北京市海淀区玉渊潭南路 1 号 D 座　100038） 网址：www.waterpub.com.cn E-mail：sales@waterpub.com.cn 电话：(010) 68367658（发行部）	
经　　售	北京科水图书销售中心（零售） 电话：(010) 88383994、63202643、68545874 全国各地新华书店和相关出版物销售网点	
排　　版	北京时代澄宇科技有限公司	
印　　刷	北京鑫丰华彩印有限公司	
规　　格	210mm×285mm　16 开本　13.5 印张　342 千字	
版　　次	2012 年 4 月第 1 版　　2012 年 4 月第 1 次印刷	
印　　数	0001—3000 册	
定　　价	**65.00 元**（附光盘 2 张）	

法拉利跑车

卡车外形及内饰效果图

法拉利跑车

"破蛋" 概念车

轮圈示宽灯

高兴

"破蛋" 就是你的代言人
爱旅游 知道有情绪就要发泄
高兴 有情感就要表达
有个性就要show
就是喜欢把表情 "写" 在车上
当然 ...还是要安全驾驶

丛书编写委员会

主任委员： 刘振生　李世国

委　　员：（按拼音排序）

包海默	陈登凯	陈国东	陈江波	陈晓华	陈　健	杜海滨
段正洁	樊超然	范大伟	傅桂涛	巩淼森	顾振宇	郭茂来
何颂飞	胡海权	姜　可	焦宏伟	金成玉	金　纯	喇凯英
兰海龙	李奋强	李　锋	李光亮	李　辉	李　琨	李　立
李　明	李　杨	李　怡	梁家年	梁　莉	梁　珣	刘　婷
刘　军	刘　星	刘雪飞	卢　昂	卢纯福	卢艺舟	罗玉明
马春东	马　彧	米　琪	聂　茜	彭冬梅	邱泽阳	曲延瑞
单　岩	沈　杰	沈　楠	孙虎鸣	孙　巍	孙颖莹	孙远波
孙志学	唐　智	田　野	王俊民	王俊涛	王丽霞	王少君
王艳敏	王一工	王英钰	王永强	邬琦姝	奚　纯	肖　慧
熊文湖	许　佳	许　江	薛　峰	薛　刚	薛文凯	杨　梅
杨骁丽	姚　君	叶　丹	余隋怀	袁光群	袁和法	张　焱
张　安	张春彬	张东生	张寒凝	张　建	张　娟	张　昆
张庶萍	张宇红	赵　锋	赵建磊	赵俊芬	钟　蕾	周仕参
周晓江						

普通高等教育工业设计专业"十二五"规划教材
参编院校

清华大学美术学院	天津理工大学
江南大学设计学院	哈尔滨理工大学
北京服装学院	中国矿业大学
北京工业大学	佳木斯大学
北京科技大学	浙江理工大学
北京理工大学	青岛科技大学
大连民族学院	中国海洋大学
鲁迅美术学院	陕西理工大学
上海交通大学	嘉兴学院
杭州电子科技大学	中南大学
山东工艺美术学院	杭州职业技术学院
山东建筑大学	浙江工商职业技术学院
山东科技大学	义乌工商学院
东华大学	郑州航空工业管理学院
广州大学	中国计量学院
河海大学	中国石油大学
南京航空航天大学	长春工业大学
郑州大学	天津工业大学
长春工程学院	昆明理工大学
浙江农林大学	北京工商大学
兰州理工大学	扬州大学
辽宁工业大学	广东海洋大学

序
Foreword

工业设计的专业特征体现在其学科的综合性、多元性及系统复杂性上，设计创新需符合多维度的要求，如用户需求、技术规则、经济条件、文化诉求、管理模式及战略方向等，许许多多的因素影响着设计创新的成败，较之艺术设计领域的其他学科，工业设计专业对设计人才的思维方式、知识结构、掌握的研究与分析方法、运用专业工具的能力，都有更高的要求，特别是现代工业设计的发展，在不断向更深层次延伸，愈来愈呈现出与其他更多学科交叉、融合的趋势。通用设计、可持续设计、服务设计、情感化设计等设计的前沿领域，均表现出学科大融合的特征，这种设计发展趋势要求我们对传统的工业设计教育做出改变。同传统设计教育的重技巧、经验传授，重感性直觉与灵感产生的培养训练有所不同，现代工业设计教育更加重视知识产生的背景、创新过程、思维方式、运用方法，以及培养学生的创造能力和研究能力，因为工业设计人才的能力是发现问题的能力、分析问题的能力和解决问题的能力综合构成的，具体地讲就是选择吸收信息的能力、主体性研究问题的能力、逻辑性演绎新概念的能力、组织与人际关系的协调能力。学生们这些能力的获得，源于系统科学的课程体系和渐进式学程设计。十分高兴的是，即将由中国水利水电出版社出版的"普通高等教育工业设计专业'十二五'规划教材"，有针对性地为工业设计课程教学的教师和学生增加了学科前沿的理论、观念及研究方法等方面的知识，为通过专业课程教学提高学生的综合素质提供了基础素材。

这套教材从工业设计学科的理论建构、知识体系、专业方法与技能的整体角度，建构了系统、完整的专业课程框架，此一种框架既可以被应用于设计院校的工业设计学科整体课程构建与组织，也可以应用于工业设计课程的专项知识与技能的传授与培训，使学习工业设计的学生能够通过系统性的课程学习，以基于探究式的项目训练为主导、社会化学习的认知过程，学习和理解工业设计学科的理论观念，掌握设计创新活动的程序方法，构建支持创新的知识体系并在项目实践中完善设计技能，"活化"知识。同时，这套教材也为国内众多的设计院校提供了专业课程教学的整体框架、具体的课程教学内容以及学生学习的途径与方法。

这套教材的主要成因，缘起于国家及社会对高质量创新型设计人才的需求，以及目前我国新设工业设计专业院校现实的需要。在过去的二十余年里，我国新增数百所设立工业设计专业的高等院校，在校学习工业设计的学生人数众多，亟须系统、规范的教材为专业教学提供支撑，因为设计创新是高度复杂的活动，需要设计者集创造力、分析力、经验、技巧和跨学科的知识于一起，才能走上成功的路径。这样的人才培养目标，需要我们的设计院校在教育理念和哲学思考上做出改变，以学习者为核心，所有的教学活动围绕学生个体的成长，在专业教学中，以增进学生们的创造力为目标，以工业设计学科的基本结构为教学基础内容，以促进学生再发现为学习的途径，以深层化学习为方法、以跨学科探究为手段、以个性化的互动为教学方式，使我们的学生在高校的学习中获得工业设计理论观念、专业精神、知识技能以及国际化视野。这套教材是实现这个教育目标的基石，好的教材结合教师合理的学程设计能够极大地提高学生们的学习效率。

改革开放以来，中国的发展速度令世界瞩目，取得了前人无以比拟的成就，但我们应当清醒地认识到，这是以量为基础的发展，我们的产品在国际市场上还显得竞争力不足，企业的设计与研发能力薄弱，产品的设计水平同国际先进水平仍有差距。今后我国要实现以高新技术产业为先导的新型产业结构，在质量上同发达国家竞争，企业只有通过设计的战略功能和创新的技术突破，创造出更多、自主品牌价值，才能使中国品牌走向世界并赢得国际市场，中国企业也才能成为具有世界性影响的企业。而要实现这一目标，关键是人才的培养，需要我们的高等教育能够为社会提供高质量的创新设计人才。

从经济社会发展的角度来看，全球经济一体化的进程，对世界各主要经济体的社会、政治、经济产生了持续变革的压力，全球化的市场为企业发展提供了广阔的拓展空间，同时也使商业环境中的竞争更趋于激烈。新的技术及新的产品形式不断产生，每个企业都要进行持续的创新，以适应未来趋势的剧烈变化，在竞争的商业环境中确立自己的位置。在这样变革的压力下，每个企业都将设计创新作为应对竞争压力的手段，相应地对工业设计人员的综合能力有了更高的要求，包括创新能力、系统思考能力、知识整合能力、表达能力、团队协作能力及使用专业工具与方法的能力。这样的设计人才规格诉求，是我们的工业设计教育必须努力的方向。

从宏观上讲，工业设计人才培养的重要性，涉及的不仅是高校的专业教学质量提升，也不仅是设计产业的发展和企业的效益与生存，它更代表了中国未来发展的全民利益，工业设计的发展与时俱进，设计的理念和价值已经渗入人类社会生活的方方面面。在生产领域，设计创新赋予企业以科学和充满活力的产品研发与管理机制；在商业流通领域，设计创新提供经济持续发展的动力和契机；在物质生活领域，设计创新引导民众健康的消费理念和生活方式；在精神生活领域，设计创新传播时代先进文化与科技知识并激发民众的创造力。今后，设计创新活动将变得更加重要和普及，工业设计教育者以及从事设计活动的组织在今天和将来都承担着文化和社会责任。

中国目前每年从各类院校中走出数量庞大的工业设计专业毕业生，这反映了国家在社会、经济以及文化领域等方面发展建设的现实需要，大量的学习过设计创新的年轻人在各行各业中发挥着他们的才干，这是一个很好的起点。中国要由制造型国家发展成为创新型国家，还需要大量的、更高质量的、充满创造热情的创新设计人才，人才培养的主体在大学，中国的高等院校要为未来的社会发展提供人才输出和储备，一切目标的实现皆始于教育。期望这套教材能够为在校学习工业设计的学生及工业设计教育者提供参考素材，也期望设计教育与课程学习的实践者，能够在教学应用中对它做出发展和创新。教材仅是应用工具，是专业课程教学的组成部分之一，好的教学效果更多的还是来自于教师正确的教学理念、合理的教学策略及同学习者的良性互动方式上。

2011 年 5 月

于清华大学美术学院

前言
Preface

Rhino 3D（Rhinoceros）译为犀牛软件，美国 Rebort McNeel 和 Association 公司出品的 NURBS 高级建模软件。Rhino 3D 是全世界第一套将 NURBS 曲面引进 Windows 操作系统的 3D 电脑辅助工业造型软件，它的诞生让全世界的 3D 电脑使用者及工业设计师脱离了过去昂贵的 3D CAD 及 CAID 的系统。

当今，Rhino 3D 广泛应用于交通工具设计、日常工业用品设计、船舶设计、首饰设计、建筑设计、机械设计、航空航天飞行器设计、生物建模与设计、卡通形象设计和场景设计等。

Rhino 3D 是当今最优秀的建模软件之一，具有易上手、学习速度快等特点，相对于 3ds max 的曲面建模显得尤为优秀，而且人机界面设计比较友好，3ds max 面片建模不支持工业级的产品输出，3ds max 所有的建模仅仅是大致地展示了产品的大体效果图，而 Rhino 3D 支持精细的工业级建模，而且与大量的相关三维软件有着广泛的接口。

但是 Rhino 3D 也有其缺点，例如不支持参数化，渲染一直不尽理想，但这丝毫不影响其建模的优秀品质。

3ds max 这几年的升级比较快，虽然其功能比以前强大得多，但其建模方法解决得一直不尽如人意，其参数化繁琐，而且不易理解。但是，3ds max 软件在渲染方面却非常优秀，不仅改进了光影追踪功能，而且更重要的是支持光能传递，众多的渲染效果更是非凡，这些插件主要包括 Vray、FinalRender、Brazil1、Mentalray、InSight 等，效果非常地真实。本书主要介绍市场占有率最高的 Vray 渲染器。

本书旨在把 Rhino 3D 的优秀的建模功能与 3ds max 优秀的渲染效果有机地结合起来，从而创作出更为完美的作品来。

Rhino 3D 是一个以 NURBS 为主要架构的 3D 模型设计软件。可以使用 Rhino 3D 去建立自由曲面、曲线或实体模型。Rhino 3D 可以做任何一个模型，小到小螺钉，大到飞机，无论想做什么模型，Rhino 3D 都提供了一个非常容易操作、快速且准确的环境。使用者可以享用到只有在高级工作站上才能够拥有的模型制件与算图功能。

Non—Uniform Rational B Splines（N—URBS）是一种用数学方程式来定义曲线的方式，可以非常精确且具弹性地去定义任何的直线、圆弧、立方体或者是像动物般的复杂曲面。正因为 Rhino 3D 拥有极大的塑形弹性与精确性，所以 NURBS 模型常使用在制造业、动画界和一般的插画上。

　　本书的总体结构和统稿由北京理工大学艺术设计学院李光亮老师负责。第 1、2、3 章由北京科技大学机械学院车辆工程系金纯撰写，其余各章节由李光亮老师撰写。学生薄妮、刘冰妍、彭鹏参与书中部分图形和文字的编排工作。我们衷心期盼此书的诞生能帮助所有 Rhino 3D 爱好者，能在最快、最短的时间内得心应手地使用 Rhino 3D。由于时间仓促，书中疏漏之处在所难免，欢迎广大读者提出宝贵意见，也欢迎技术交流，邮箱：guangliangl@126.com。

编者

2012 年 3 月

作者简介

李光亮

毕业于清华大学美术学院工业设计系，现为北京理工大学设计与艺术学院工业设计系教师，主要研究方向为交通工具造型研究，计算机辅助工业设计。多年来一直从事车辆造型设计工作，有多件作品投入生产并应用，主要作品包括卡车造型设计、火车内饰设计、有轨电车造型设计、重工机械造型设计等，并获得多个车辆造型专利。2006 年作为国家公派访问学者赴意大利米兰理工大学（Politecnico di Milano），师从著名的交通工具造型设计专家 David Bruno 研修交通工具造型设计 1 年。

金　纯

北京科技大学机械学院车辆工程系任教，从事"汽车设计"与"汽车造型设计"教学工作，主要研究领域为电传动矿用汽车的设计及理论。

目 录
Contents

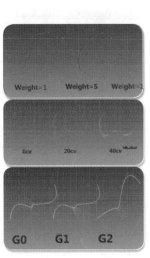

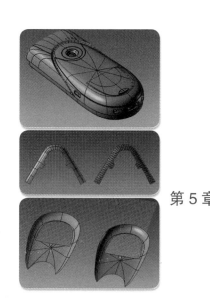

Rhinoceros介绍

　　Rhinoceros（以下简称 Rhino 3D）是美国 Robert McNeel 和 Association 公司开发的 NURBS 专用三维建模工具，适用于产品造型设计、CAD/CAM、Reverse Engineering、Sheet–unfolding 和动画领域。在这些领域中，精密的建模技术是成败的关键。因此，需要使用具备 NURBS 技术的强大的建模工具，而 Rhino 3D 具备了精密、强大的技术支持等优点，所以在上述领域中被广泛应用。

1.1　Rhinoceros 版本与其他常用软件比较的优缺点

　　截至本书起笔，Rhino 最新的正式版是 4.0 SR9，也就是版本 4.0 的第九次修正版，发布时间为 2011 年 3 月 9 日，与 3.0 版相比，在建模能力上有较大的改进。Rhino 开发人员是一个勤于修正的开发团体，他们非常勤奋敬业，不断寻找并修正 bug，增加新的实用功能。在发布正式版的同时，不断提供 Beta 版供广大用户测试。每一个测试版都包含着开发者的心血，经常会给用户带来惊喜和快乐。Rhino4.0 SR9 的界面如图 1–1–1 所示。

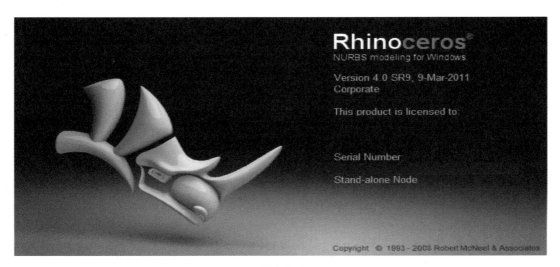

图 1–1–1

　　Rhino 3D 是一个以 NURBS 曲线技术为核心的建模软件，以曲面的拼接与修剪为主要手段。基本上与另一高级建模软件 Alias Studio 相似,但缺少历史与修改功能,造成了一定的不便,也导致建模思路有所不同。虽然这是软件的定位、功能、核心等因素造成的,但有其他软件经验的读者在使用过程中一定要多加留意这个特点。也许是因为稳定性的原因,其他几款具有历史功能的曲面建模软件稳定性都比不上 Rhino 3D,所以说 Rhino 3D 这样做也是有一定道理的,而且 Rhino 3D 的 undo 功能非常好用,在很大程度上弥补了没有历史功能的缺陷。

1.1.1 3ds max 与 Rhino 3D 各自的特点

适合工业设计的应用软件非常多,这里主要介绍人们常用的两款软件,一个是 3ds max,另外一个是 Rhino 3D。根据目前的情况来看,这两款软件都适合工业设计的辅助设计应用。3ds max 已经发展了近 20 年,是当今最流行的专业三维软件,它开始并不是为工业设计而开发的,只是后来,渐渐才有人将其应用到工业设计领域。但由于其建模思路和方法缺乏足够严谨性,或者说不能满足机械设计的精度要求,因此很多设计人员并不把 3ds max 作为一款工业设计软件来看待。但本人却以为正是 3ds max 的非严谨性,在某些方面更适合于工业设计人员的应用。3ds max 发展到现在最高版本为 2012 版本,开始主要应用于动画行业,但由于其比较出色和特别的造型建模功能,渐渐地也得到一些工业设计人员的青睐。3ds max 的主要建模特点是:建模方式的多样化,并且功能丰富、全面。3ds max 拥有放样、布尔运算、面片、网格、多边形、NURBS 曲面等多种建模方式;建模方式灵活自由,每种建模方式都提供了强大的命令组,给建模带来极大的方便性;适应性强,能够构建出各种特殊的自由曲面。

Rhino 3D 是一款相对年轻的专业三维软件,但其发展潜力巨大,并且它以其自身强大的 NURBS 曲面建模功能渐渐成为工业设计的新宠,受到广大工业设计人员的喜爱。可以这样说,Rhino 3D 是为工业设计而生的。虽然相对于 3ds max 来说,Rhino 3D 的功能可能过于单一,但其 NURBS 曲面建模的强大功能是毋庸置疑的,虽然 3ds max 也提供了 NURBS 的建模方式,但与 Rhino 3D 相比是相去甚远的,而且 Rhino 3D 的建模方式要比 3ds max 严谨和精确。另外,NURBS 本身对曲线曲面就有非常优秀的定义,再加上软件强大命令的支持,使得 Rhino 3D 成为构建复杂自由曲面的强者。

1.1.2 3ds max 与 Rhino 3D 在工业设计应用中的异同

对于这两款软件,主要的工业设计应用在于建模和表现,建模与产品的形态有关,而形态与设计潮流有关。如果稍微关心一下身边的用具就会发现,许多近年买的东西都带有曲线和曲面的明显形态特征。这些曲面形态的特征是近些年在产品设计中具有代表性的一大特色,尤其是进入 20 世纪 90 年代后,曲面形态在现代产品设计中得到了越来越广泛的应用。曲线曲面形态体现了产品造型柔和、亲切之美,以及产品与人、与环境更亲密的关系。设计潮流的发展对设计手段与制造工艺提出了新的要求。制造工艺方面由于制造业飞速发展,先进技术保证了曲线形态的实现,至于设计手段主要得益于软件的高速发展。但是再先进的软件也需要人去操作完成,而且软件之间的差异性也很大,它们在具体的辅助设计方面表现出不同的特征。

3ds max 的主要建模方式是网格式的,原理就是将一几何体或一表面分成适当数量的网格(数量可以调整),通过对网格上的顶点、线段和多边形等元素进行编辑,以实现形态的编辑和调整。这种方式有点类似于现实生活中的泥塑捏造法。这种建模方式没有用严谨的尺寸精度可以控制,主要靠操作者的感性把握，凭借对形态的熟练掌握和空间想象能力对形象的构建来完成建模过程。这个过程无论对于正向工程还是逆向工程都是同样的。由于3ds max没有足够的尺寸精度，因此，不适合于工业设计后期的工作流程，比如涉及到机构设计或装配设计等工序。但其类似于泥塑捏造的建模方法有很大的自由度，并且比较强调设计者的感性理解，而且整个过程是快速的、随意的、无约束的，这样非常有利于设计者的自由发挥，这一点对于活跃创意思维是非常重要的。所以由此我们可以理解，在工业设计的前期阶段，也就是方案构思阶段，利用3ds max进行快速建模和表现，充分利用虚拟三维效果，来实现对形态造型的探索和方案效果的推敲。如果这种虚拟三维效果表现的足够好的话，在某种程度上可以代替或省略草模制作的工作。当然这里并不是否定真实模型制作的重要性，在某些环节或需要更多的细节研究的时候，如手感或人机关系研究等，仍然是需要制作真实模型的。我们强调的是用3ds max进行对设计的推敲和探索，以实现其对工业设计的辅助应用，并且是比较适合前期的应用的。工业设计的前期，尤其是概念开放、造型构思阶段也是最能体现设计者的感性思维的阶段。

Rhino 3D是以NURBS为根本和核心的。应用Rhino 3D进行模型的构建，关键在于曲线的绘制和搭建。由于Rhino 3D出色而又灵活的精度控制，使得绘制标准或自由的曲线成为非常容易的事情。除了曲线以外，Rhino 3D也提供了直接生成曲面或体的命令，同时提供类似于曲线一样的可控点对形状进行调整。这种看似自由的造型功能，好像与3ds max的网格建模的灵活性相当，但实际上Rhino 3D需要一定的理性分析或逻辑分析才能完成造型的建模，并不是想当然地有了曲线就会自然可以搭建曲面。从线到面再到体是Rhino 3D最常用的建模方式，而从线的绘制开始，操作者就必须对后来的面以及最终的面有非常深刻的理解才能绘制出理想的线条。也就是说，Rhino 3D的操作简易性并不代表建模思路上的简易性。利用Rhino 3D进行建模之前必须对要设计产品的造型形态有个系统的把握，有点类似于画结构素描，对形体的各个面的形状和线条的走势以及面与面之间，线条与线条之间的过渡关系等都必须非常了解。这种了解是一种理解，是一种化整为零的分析方法，是逻辑思维的综合应用，所以Rhino 3D的应用需要具备相当的理性理解能力。对于工业设计而言，这样状态是比较适合于后期的阶段，因为在后期的阶段，设计师需要对自身的设计方案进行整理，同时在这个阶段也开始接近工程设计阶段，理性分行是相当有必要的，这样可以对下游环节更好地衔接。虽然在这个阶段也有直接应用Pro-e等更高级的工程软件进行造型处理和分行等，而且也可以一步到位，但相对来讲，Rhino 3D还是易用许多，简单许多，更适合工业设计人员应用，再说Rhino 3D的兼容性也是相当的好的，具备了高级工程软件所具有的曲面分析功能。

计算机对工业设计的影响不言而喻，3ds max和Rhino 3D都有各自的优势。工业设计是非常需要创意的专业，虽然软件不能提升我们的创意水平，但却可以帮助我们更好的实施我们的创意。工业设计又是感性与理性的学科，两性思维经常会激烈碰撞。如果将3ds max的应用理解为感性的话，那么Rhino 3D就是较为理性的。3ds max注重形体的整体把握，Rhino 3D则步步为营。从以上的探讨中我们还可以看出，3ds max与Rhino 3D都具有工业设计软件应有的易用性，在具体应用中，它们的不同在于建模的思路上，而这种思路又是和工业设计的特点相联系的。本文重点在于通过比较两款常见的设计软件，使设计者能够更好的掌握计算机辅助工业设计的技能。对于不同的个人，不同的环节，不同的领域，可以对这两款软件进行适当的选用以起到真正的辅助设计的作用。

网格建模几乎被边缘化了，当今CG软件主流的建模方式是多边形建模方式，流线型曲面需要对网格细分（或者网格平滑）有充分的理解；Rhino 3D 是 NURBS 建模软件，这需要对曲线有充分的理解。

3ds max 和 Rhino 3D 建模都具有高效快捷性，但是都不可修改性，像 PROE 等机械工程之类的软件却是非常注重这方面的。

所有软件都并非十全十美，Rhino 3D 也存在许多问题和不足，但这并不足以阻挡我们学习 Rhino 3D 的步伐。在对 Rhino 3D 做深层次了解以后，就会对许多问题有本质的了解，从而做出正确的判断，用较好的方法解决它，或者利用其他途径巧妙地扬长避短，而这些正是本书所要传达给读者们的精髓。

1.2 Rhino 3D 基本操作界面介绍

标题栏：显示当前的文件名以及软件版本等信息。

菜单列：和大多数 Windows 软件一样，是各种软件功能的菜单显示区。

命令行：显示当前命令的执行状态，也是输入命令的地方。

工具列：按钮形式的命令显示区。

绘图区：进行具体建模的操作区域。

状态列：显示当前坐标、捕捉、图层等信息的区域，如图 1-2-1 所示。

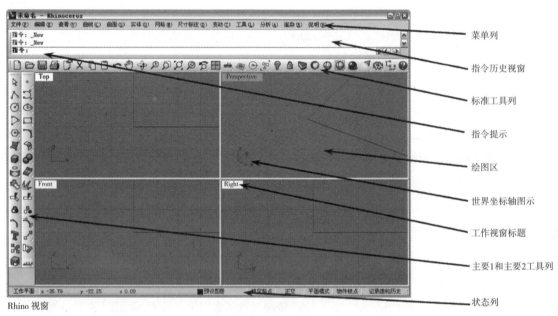

图 1-2-1

主要 1 和主要 2 工具外中都主要是建模用到的命令，而且很多按钮都可以链接到一类命令的工具栏，几乎可以完成所有建模工作，所以也是不可缺少的工具栏。

Surface Analysis（曲面分析）和 Edge Tools（边缘工具）。这两个工具栏在高级曲面建模中使用非常频繁，所以打开它们能提高不少效率，如图 1-2-2 所示。

如何打开呢？需要打开工具栏管理器。可以从菜单 Tools>Toolbar Layout 打开，也可以在命令行输入 Toolbar 来打开，还可以在浮动工具栏的标题上单击鼠标右键选 Toolbar Layout 来打开。打开后，选择 Surface Analysis 和 Edge Tools，就可以打开这两个工具栏了，如图 1-2-3 所示。

Popup 这个工具栏比较特殊，是按住鼠标中键弹出的，用完以后自动退出，也是一个标准工具栏，同时也是一个隐藏的工具栏。这个工具栏主要是一些常用的视图操作，隐藏显示等命令，如图 1-2-4 所示。如果加上自定义按钮，就可以成为一个自定义的快捷工具栏，非常方便。Ctrl 键按住选中的工具直接拖放到中键弹出菜单即可。

图 1-2-2

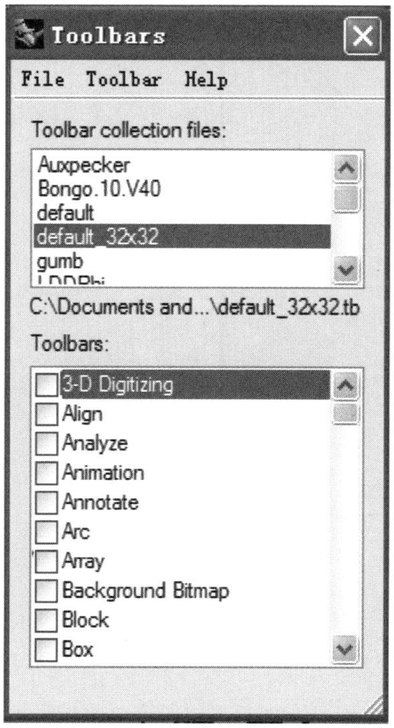

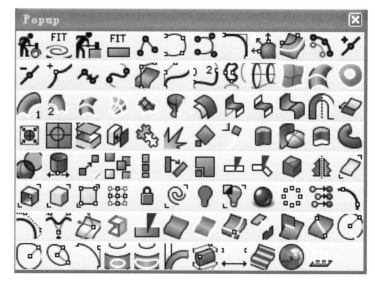

图 1-2-3

图 1-2-4

Mesh 这个设置很重要，直接关系到显示的正确与否。

系统默认的设置是 Jagged & Faster（外形参差不齐但显示速度快），这个选项显示精度很低，特别是一些比较细微的曲面变化表现不够深入，一些精致的曲面可能会产生显示错误。为了避免这样的错误出现，就需要选择 Smooth & Slower（显示速度慢但光滑）或者 Custom（用户自定义）选项。

Maximum angle：最大角度。

Maximum aspect ratio：最大的边线纵横比。

Minimum/Maximum edge length：最小和最大的边线长度。

Maximum distance，edge to：到边缘的最大距离。

Minimum initial grid quads：最小的初设网格的栅格。

对照前面的模型 Mesh 显示图可以看出，由于 Mesh 是通过微小的平面（即三角形和四边形的结合）来显示模型的，因此可以通过控制这些参数的数值来规定显示的具体要求。其中，最大角度的默认值应当适当设置小一些（例如 5° 左右），其他的数值读者可以根据每次模型的大小和要求的精确程度来具体设置。

Mesh 的作用是将 Rhino 3D 的曲面模型转化成多边形，主要用于显示和渲染。这个设置很重要，关系到显示的正确与否。而默认的 Render mesh quality 设置是 Jagged & Faster（见图 1-2-5），这个选项显示精度很低，特别是一些微妙的曲面就会有错误。为了避免这样的错误出现，就需要选择 Smooth & Slower 或 Custom。

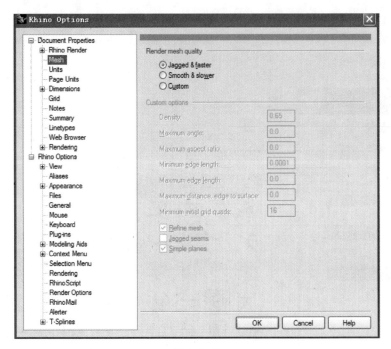

图 1-2-5

1.2.1　Units and tolerances 设置

Model：模型单位，可以选择厘米（cm）、毫米（mm）、分米（dm）、米（m）等任意的单位，也可以自定义。Absolute：绝对值公差，也叫单位公差，这是一个非常重要的参数。绝对值公差就是为尺寸制定的误差允许的限度。通俗地说就是当两个物体（例如两个很接近的点、线或者面）的坐标值的差值小于公差值 n（例如 0.01）的时候，它们就会被视为坐标相等，也就是重合。同时，在与其他软件导入、导出 Rhino 的模型的过程中，因为公差值设置大于下游软件的公差值，将会导致大量的出错。所以，如果公差值设置过大，误差就会很大，出错的概率也就会加大，应当尽量把公差值设置得小一些。当然，公差值只是一个尺寸的规范，公差值的改变并不会改变模型的数值（例如在公差值为 0.1 时建的模型并不会因为把公差值改到 0.01 而改变），因此，正确的做法是在建模之前把公差值设定小一些，然后再开始建模。在严格公差范围内建的模就会精确多了。

用于设置模型单位，可以选择任意，也可自定义，和预设的模板有关。据笔者经验，大尺寸物体公差值可大些，反之小些。一般来说，物体边长大于 200 单位时（也就是超过默认网格大小）可以用默认公差值0.01，对于小于100大于10的物体，可以用0.001的公差，小于10的物体公差就要更小了。

相对公差，以百分制为单位，默认是1%。和上面的绝对公差类似，只是判断方式为相对值，在一定程度上弥补了绝对值的局限。设置方式与绝对公差类似，数值越小越好。角度公差，以度为单位，默认是3度。默认值大了点，建议改为1度以下。

1.2.2 Custom units 设置

设置自定义单位，如果选了自定义单位，这里就可以设置。

1.2.3 Distance display 设置

设置距离显示方式，可以选择Decimal（十进制）或Fractional（分数制），还可以设置显示精度为小数点后多少位（见图1-2-6）。

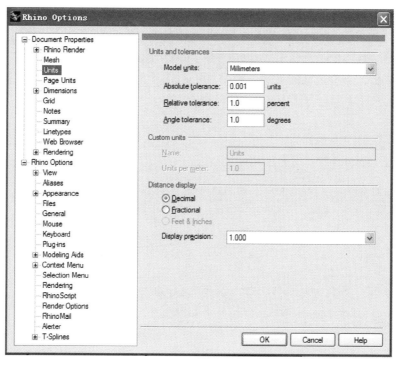

图 1-2-6

1.2.4 状态栏捕捉的设置

状态栏也是Rhino 3D中很重要的一个组成部分，主要指示当前的一些数值状态和修改图层捕捉的设置。主要功能如图1-2-7所示。

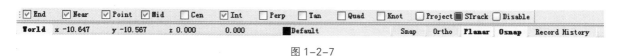

图 1-2-7

·Snap（网格捕捉）：打开此处就可以限制鼠标只能在规定的网格上工作，这样就可以很好的控制鼠标绘制图形的整数值和图形的规整性，同时能提供很好的整数数据基础，使绘图形更加方便准确快捷，强烈推荐把这个状态一直打开，养成这个习惯很有帮助。

· Ortho（方向锁定）：打开此处就可以限制鼠标移动的方向。默认是 90 度，鼠标只可以在垂直或者水平方向移动，也就是沿着 X 和 Y 轴方向移动。这对绘制一些垂直或水平的物体十分有用。

· Osnap（物体捕捉管理器开关）：打开即显示物体捕捉管理器浮动窗。最好一直保持捕捉的打开以方便操作和切换。

· Plane（平面锁定）：打开此处就可以限制鼠标在一平面上绘制图形。因为在某些捕捉物体并不在同一平面上，如果不用平面锁定，就有可能绘制出空间（立体）曲线来，这有可能并不是我们所要绘制的图形，所以在某些场合就必须打开平面锁定，以绘制平面图形。平面位置以绘制的第一点为准。

· Quadrangle（四边成型）：这种方式是用得最多的成型方式，因为 NURBS 曲面是四边的，所以可以定义四条甚至四条以上边来构面，整个曲面就按照四条边以及内部的曲面来构建。这种成型方式因为其在 UV 方向都是曲线（如果其中 UV 中有一条是直线，那它就是单曲面，也就是上面的挤压成型）所以它就是双曲面，也称自由曲面。

典型的四边成型命令就是 Surface from Network of Curves（以下简称为 Network Srf），从这个命令来理解四边成型很合适。但也不能局限于 Network Srf，还有很多曲面生成命令都是属于四边成型的。

虽然说是四边成型，需要定义四条边，但是 Rhino 3D 允许少定义几条边。也就是说，可以定义三条边，也可以定义两条边（只定义一条边，那就是挤压成型），缺少定义的那些边，Rhino 3D 会根据你定义过的边来推测。

> **注意：**
> 必须在 UV 方向至少各定义一条以上的边，否则不构成四边成型。

思考题

1. 试论述 Rhino 3D（犀牛）建模的优缺点及与 3ds max 的异同。

2. 打开 Rhino 3D（犀牛）软件设置其显示精度和单位。

Rhino 3D常用建模方法及介绍

2.1 4边形成型3种最常用的命令

Sweep（扫描）1 Rail（简称 Sweep 1）要求定义两条边以上，Sweep（扫描）2 Rails（简称 Sweep 2）要求定义三条边以上，Network Srf（网格曲面）则要求四条边以上。

还有一个比较特殊的命令——Loft（放样），它只定义 UV 中的一个方向，而另一个方向则是自动生成，所以它有可能是四边成型，也有可能是挤压成型。所以笔者一再强调不要局限于具体命令，成型方式是一种规律的总结，是曲面特征的归纳，不受具体命令的约束。还有可能一个命令包含两种成型方式，都要看具体物体和曲面而定。

为什么 NURBS 曲面永远是四边形。这就要从 UV 方向说起。UV 代表曲面的两个方向，是按照曲面的走向分布的，就是曲面的坐标。曲面上的点线面的坐标值都是通过 UV 值来表示的。如果说 XY 是平面的坐标系的话，UV 就是曲面上的坐标系。XY 只能是两个直线方向，UV 却能够沿着曲面走曲线方向。Y 坐标系只能产生矩形，UV 坐标系能产生丰富的立体四边曲面，如图 2-1-1 所示。

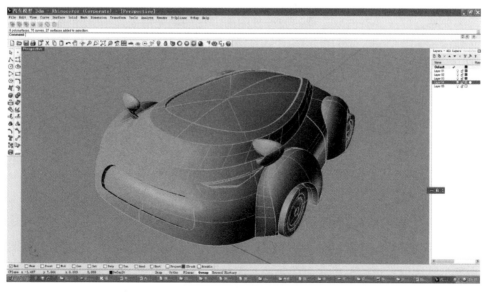

图 2-1-1

笔者打一个形象的比喻：NURBS曲面就像一张薄却很有弹性的四边形金属片，既有弹性又有延展性，而且在UV方向弹性很强，如果弯曲得当，表面就很光顺。如果在这两个方向上没有把握好，就很容易变形扭曲。这个比喻还可以应用于成型片式和构面要素中，比如3种成型方式就是挤压拉伸、旋转和自由的做法。又如Trim就是修剪金属片，COS就是上面的修剪边界线，Join则是胶水，整个完成后的模型就像用金属片拼成的空心物体，是由许多使用各种工艺的金属片拼结而成的整体。这样的比喻，能有助于形象地帮助读者理解有关于曲面各个方面的重要知识。

2.2　线和面的连续性分析和应用

概念在平面中曲线上的任一点，通过这点且与曲线最近似的直线是正切线。也可以找到通过这点且与曲线正切的最近似圆，这个圆的半径的倒数就是曲线在这点上的曲率。

2.2.1　连续性等级划分

连续性是根据曲线的曲率进行等级划分的，常见的有G0、G1、G2、G3几个等级，其中G表示连续性，后面的数字表示连续性的级别，数字越大，连续性越好。其中需要注意的就是G0、G1、G2，因为它们是最具代表性的。

G0：位置连续（Position），是最基本的连续方式，其含义是两条线的端点重合，满足Join连接的最基本状态。所以它们没有曲率上的连续性，仅仅是位置相同而已称为位置连续。它们直观得表现为两条线之间呈夹角。

G1：切线连续（Tangency），是最普遍的连续方式。在G0的基础上两条曲线的交点处的切线方向一致，所以称为切线连续。也就是圆弧所能达到的连续性。常见于倒角等，在很多机械零件中是一种标准连续方式。具有切线连续的曲线和曲面表现为光滑连接，但有不明显折角。有G1连续性的曲线和曲面也有G0连续性。

G2：曲率连续（Curvature），是一种更高级的连续方式。在G1的基础上两条曲线的交点处的曲率一致，所以称为曲率连续。具有曲率连续的曲线或曲面表现为更光滑的连接，无明显折角。有G2连续性的曲线和曲面也有G1和G0连续性。

三种常见曲率连续性的示意图如图2-2-2所示。

以上三种连续性是最具有代表性的，G2以上的连续性只是在G2基础上连续更加光顺自然。由于Rhino 3D不支持G2以上连续性，所以就不多谈了。掌握好以上三种连续性，对以后曲面连接具有巨大的帮助。

曲线或曲面的连续性都是相对的，是一个物体与另一个物体的相对位置而言的，所以单率连接G2以上的，因为它们本来就曲率一致。

曲面的连续性在直观上表现为曲面的光顺连接，如图2-2-3所示。

因为许多物体不可能由一个单一曲面所组成，都是由许多复合曲面所拼合而成，如果其中一个凸面连续性没做好的话，就会影响整个曲面的效果。而且因为Rhino 3D软件的原因，不能对现有曲面做很多的修改调整，所以需要在原始面生成时就做好连续性。再加上Rhino 3D的曲面生成命令对连续性支持的不是很多，所以局限性也很多，要巧妙组合使用某些命令才能达到最终的效果。所以连续性的问题，在进入深入研究后就变得非常重要了，是今后讨论的重点。

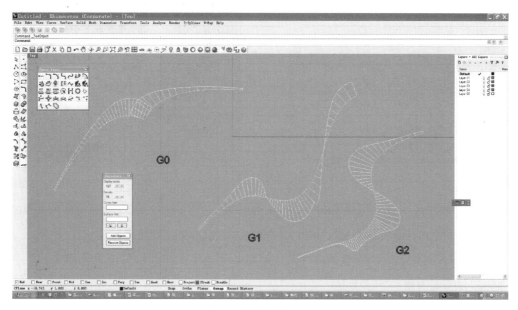

图 2-2-2

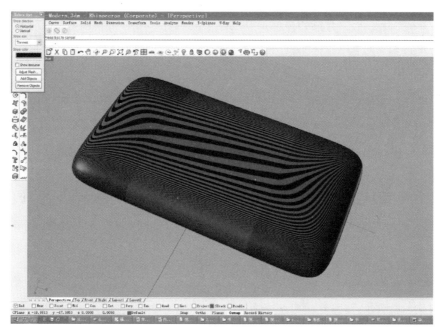

图 2-2-3

2.2.2 曲面连续性的检测方法

在复合曲面中，曲面之间的连续性就显得很重要，如何来检测曲面之间的连续性呢？ Rhino 3D 提供了一组检测命令。打开菜单中的 Tools 的 Toolbar Layout，就会显示出个 Toolbar Layout（工具栏布局设置）对话框。选择里面的 Default（默认）工具栏组，然后在下面选择 Surface Analysis（曲面检测）。就会出现一个 Surface Analysis 工具栏，这里面都是与曲面检测相关的命令，如图 2-2-4 所示。

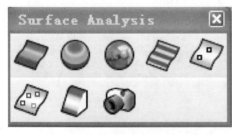

图 2-2-4 图 2-2-5

以下四种命令比较常用，分别是 Curvature Analysis （曲率检测），Draft Angle Analysis（拔模角检测），Environment map（环境贴图检测），Zebra Analysis（斑马纹检测）。Curvature Analysis（曲率检测）主要是针对检测曲面的质量而言的，如图 2-2-5 所示，如果曲率变化很大，颜色就会变化很大，可以作为检测曲面扭曲的依据。

Draft Angle Analysis（拔模角检测）主要是针对拔模角检测来用的。拔模角，就是在做模具的时候需要预留的定斜度，一般在 Rhino 这类曲面软件中影响不大，只需要留有拔模角这个概念，建模的时候记得适当预留就好了。不要有倒扣（就是 0 度以下的红色部分）出现就好了。

Environment Map（环境贴图检测）和 Zebra Analysis（斑马纹检测）都是通过反射贴图来直观地反映出曲面的曲率变化的。这两个命令都是靠模拟物体的反射来检测的，就像观察一个高反射的电镀金属体一样，一旦有一丁点曲面问题，马上就可以直观地看到，所以这两个命令是最常用的连续性检测工具。它们之间的区别是：Environment Map 是把一张贴图映射到物体上，模拟真实的环境。Rhino 3D 预置了许多贴图，可以自由选择，笔者推荐用 sunset2 和 brushed 系列，比较直观好用。当然也可以自己添加合适的图进去。

Zebra 是标准的条纹检测，它是被许多软件都应用作为标准的曲面检测工具，因为它有很准确易判断的检测结果。Environment Map 重在检测曲面的质量，而 Zebra 重在判断连续性的类型。下面通过举例来说明。

2.2.3 连续性检查示例

示例一

如图 2-2-6 所示，左图是 Environment Map 的结果，可以看到曲面有一条明显接缝，判断连续性为 G0，右图是 Zebra 的结果，黑白条纹在连接处发生断裂，连续性为 G0。

示例二

如图 2-2-7 所示，左图是 Environment map 的结果，可以看到曲面的接缝消失了，但判断连续性为 G1 还是 G2 呢？似乎不太清楚；右图是 Zebra 的结果，黑白条纹在连接处没有断裂，但是连接不光顺，有折角，所以可以判断连续性为 G1。Zebra 的准确性和直观性就在这里体现出来了。

如果觉得黑白条纹太粗，看得不是很清楚的话，可以在对话框中的 Stripe Size 中设定条纹的间距大小，如图 2-2-8 所示的条纹为 Thinner，还有很多种 Size 可供选择。

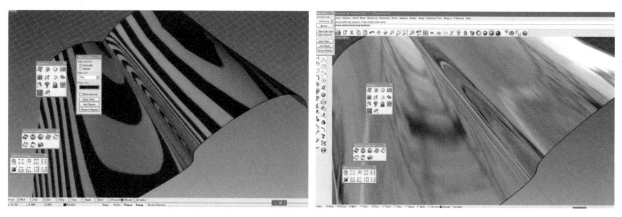

图 2-2-6

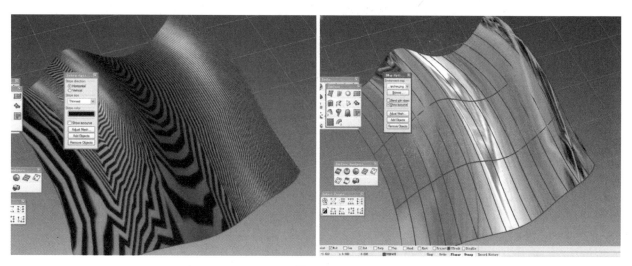

图 2-2-7

示例三

如图 2-2-8 所示，右图是 Environment Map 的结果，可以看到曲面完全没有接缝，但判断连续性为 G1 还是 G2 呢？似乎还是不太清楚：左图是 Zebra 的结果，黑白条纹连接非常光顺，无折角，所以可以判断连续性为 G2。

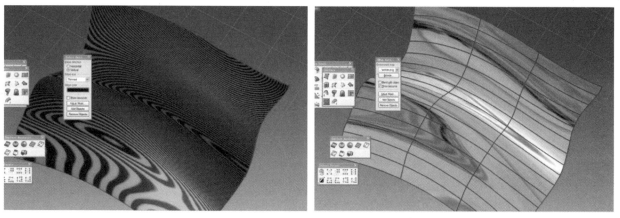

图 2-2-8

因此我们可以参考图 2-2-8 总结出一个判断标准。

G0：条纹断裂

G1：条纹连续但有折角

G2：条纹连续光顺

把这个判断标准要牢牢记住。

Zebra 中的条纹方向是可以变的，在对话框中的 Stripe Direction 中可以设置为水平或是垂直，视具体情况而定。

在对话框下部的一组命令中，有一个非常重要的参数，其设置对检测的结果有着巨大的影响，但是它的默认值却非常不合理。它就是 Adjust Mesh（调整曲面网格），例如，图 2-2-9 所示检测结果非常不理想，曲面质量很差。

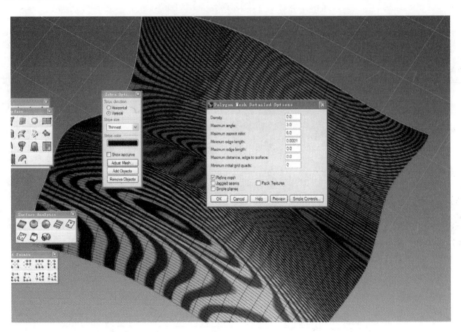

图 2-2-9

同样一个曲面，只是修改了 Mesh（网格）的参数，得出的检测结果却非常好（见图 2-2-9），这是为什么呢？因为，曲面检测是无法直接利用曲面来显示的，它只能通过把曲面数据转换为 Mesh 数据才能进行计算和显示，所以转换的过程中，数据不可避免地会出现误差，如何把误差控制在一定范围内，尽量接近原曲面物体是一件很重要的工作。而默认的 Mesh 设定是很粗糙的，所以才会出现错误的结果，每次都要手动调整才能获得较满意的结果。参数可以参考上面两张图的变化来调整。要善于利用这一组命令来进行曲面检测，随时随地对曲面进行评估，才能保证曲面的最优化。

思考题

1. 解释 NURBS 曲面为何永远是四边形，这对使用者的建模有何启发？

2. 分析并区别 G0、G1、G2 三种联系方式的异同，并举例在实际建模中的应用。

第3章
Chapter3

Rhino 3D、Vray 工业设计建模、
渲染后期加工的基本程序

一个工业产品建模有其基本的建模程序。在进行建模之前必须事先规划好一个清晰的思路，初学者最容易犯的错误是做一步想一步没有事先规划，最后做出的模型混乱。笔者介绍最基本的建模思路，虽然例子有些复杂，但具有代表性，完美体现了建模的思路建模就像做一个雕塑或模型一样，先做简单基本体，再慢慢雕琢深入，越做越精细，越做越准确。

3.1　画轮廓线

画线在整个犀牛软件建模过程中是至关重要的，俗话说得好，好的线的概括是成功的一半。在进行建模之前一定要认真分析物体的块面并对其进行精确的概括。在这里尤其要注意的是所有的面最好用四边形进行概括，这样面和面之间四边形首尾连接很容易做的光滑，尽量不要用三角形或者五边形等进行概括，这在某些方面有点像画素面石膏像，见图 3-1-1（本书第 7 章的实例）。

图 3-1-1

在画线阶段最常用的主要有三个命令分别是 line ✐（直线工具）、Control Point Curve ⛝（控制点曲线）和 Interpolate points ⛝（交叉点曲线工具）。在这里需要注意在 3ds max 中曲线和直线之间经常用编辑样条曲线工具相互转化，在犀牛中基本上不需要这样，直线部分画直线曲线部分画曲线就可以了。一般情况下先用较少的点对物体进行概括再用 Control points on ⛝（开启控制点工具）对再进行深入调节。在这里尤其需要注意的是一

开始画线点不要太多，否则不好调节，一般情况下是用最少的点进行概括，然后再逐步加点深入。笔者个人认为 Control point curve ⌁（控制点曲线）画出的线比较浑圆，比较适合于生物建模，例如毛毛虫、人、牲畜等；Interpolate points ⌁（交叉点曲线工具）画出的线比较锐利特别适合于工业产品建模，例如汽车、摩托车、吸尘器等。在这里需要注意 Control point curve ⌁（控制点曲线）点在线的外部，Interpolate points ⌁（交叉点曲线工具）点在线上，在实际建模过程中需要灵活运用。在画线概括物体过程中要想使后边的曲线与前边的曲线相交必须用 Interpolate points ⌁（交叉点曲线工具）。所有的线要专门放置一个图层便于以后修改不要删除。线没画好千万别往后进行，因为犀牛软件建模不参数化，修改起来很麻烦。

虽然画线基本上已经贯穿整个建模过程，但是一开始的大形状的线最具有概括性和需要很高的准确性，就像建筑的地基一样重要。但是这个线又是最难画的，十分考验人的思维能力和概括能力以及理解能力，所以这个最难提高只有靠大量的经验积累。

3.2　粗略建模

这是非常概括的大型，可能只是一个简单的几何体，只能表达出很粗略的形状，但是其中却又为深入留下了空间，这也需要很简洁概括的能力。一定注意一开始建模不要被繁琐的细节所迷惑，最初一定要把握好大的块面起伏状态，细节精细建模再画，比如大部分小轿车的前大灯跟大的汽车表面起伏基本一致可以先画大的块面再加工车灯细节，初学者很容易一开始就陷入车灯细节中结果大的面的关系没把握好。

3.3　精细建模

在进行精细建模之前一定要用曲面检测工具检查曲面有没有错误，曲面与曲面之间的关系是否关光滑，以及曲面法线是否正确等。不符合要求的面需要立即进行重建。面和面之间不光滑需要用面匹配工具 Match Surface ⌁（匹配曲面），或者用混合建面工具 Blend Surface ⌁（混接曲面），甚至提取面的结构线⌁和边界线⌁对面进行重建。这是基本准确的状态，基本的空间关系都已经建立完毕，大部分曲面已经到位，物体的形态已经很接近最终形态，只是缺少细节而已。这是一个明确深入的过程，虽然并不是做细节，但是基本每个面都要到位，所以这个过程可能是一个很漫长而又复杂艰苦斟酌过程。因为 Rhino 3D 后期修改性很弱、它对曲面的要求几乎是一次到位，所以在建面过程中，对准确性的要求很高，如果不对马上重建，否则以后再改后患无穷，甚至比重建还复杂。

3.4　细节深入

这是最后一步，虽然在整个过程中属于最简单的一环，但是没有细节就等于没有生命。一个模型是否耐看主要看这一步。丰富的细节会使整个画面有画龙点睛的作用。很多产品都是靠细节来作为要点的，所以细节绝对不能马虎。不过相对于上面的环节来说，细节的含金量较低，也比较容易做，最容易出现的问题可能是重复、单调操作较多，也有些枯燥。例如按钮、倒角、挖小孔之类的零碎小事都需要来做。但无论如何，还是要本着精益求精的作风来做，细节能体现整个模型的严谨和细致。这个阶段，耐心和细心有时候比技术更重要。细节完成后存盘。

3.5　导入 3ds max

在 3ds max 中用 Power NURBS 插件将模型导入。注意必须事先安装 Power NURBS 插件，否则模型无法导入。也可以在犀牛软件里将模型转化为多边形的面再到 3ds max 里以 3ds、dwg 等格式导入，这时控制面的多少是关键，做到既不影响整体效果面又尽量的少，有时经验很重要。笔者认为首推 Power NURBS 插件因为进入 3ds max 后的面数最少而且很精细如图 3-5-1 犀牛软件里边的轮毂、图 3-5-2 以 3ds 的格式导出、图 3-5-3 以 3ds max 的格式导入 3ds max 共 17667 个面、图 3-5-4Power NURBS 插件将模型导入共 3513 个面所示。

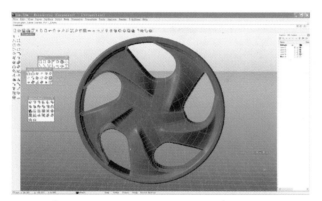

图 3-5-1　犀牛软件里边的轮毂

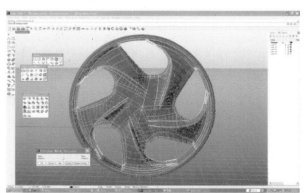

图 3-5-2　以 3ds 的格式导出

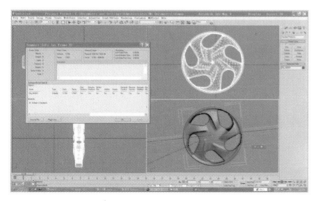

图 3-5-3　以 3ds 的格式导入 3ds max 共 17667 个面

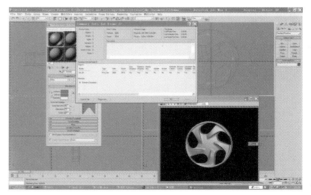

图 3-5-4　Power NURBS 插件将模型导入共 3513 个面

由图 3-5-1~ 图 3-5-4 可见用 Power NURBS 插件将模型导入不需要任何经验压缩面进入 3ds max 里的面是最少的，而且面近乎完美，注意在视图中的显示仅是粗略显示，最终渲染出来的图是精确的。而以 3ds 的格式导入面不仅粗糙而且面多，影响渲染速度。这是因为 3ds max 是多边形的面 Power NURBS 是 NURBS 的面。在本书的案例中为了使读者有所比较第 6 章用的是 Power NURBS 插件将模型导入，第 7 章用的是 3ds 将模型导入。

3.6　Vray 渲染器渲染

在渲染之前首要需要做的是给产品的各部分附上材质，产品常用的材质包括金属材质、塑料材质、玻璃材质、木纹材质、车漆材质、橡胶材质等，在实例中均有涉及，在实际应用中须灵活掌握。产品的常用渲染方法包括 HDR 模拟天光渲染等，如图 3-6-1 所示。

图 3-6-1

3.7　渲染并到 PS 中最后修改出图

效果图经常有各种不够完美的地方，在三维软件中调节复杂而且不易调好，这时需要到 PS 中最后修改。例如产品表面的缺陷以及整体色调光感等在 PS 中修改又快又好。

思考题

1. 简单复述一下 Rhino 3D、Vray 工业设计建模、渲染后期加工的基本程序。
2. 分析 Control pointcurve ⬛（控制点曲线工具）和 Interpolate points ⬛（交叉点曲线工具）的异同。
3. 有哪几种将 Rhino 3D 导入 3ds max 的方法，有何优缺点。

第4章
Chapter4

Rhino 3D中的点和线

4.1 点概述

点是最基础的物体，但是很多时候并不直接参与建模，一般都是以辅助点的身份出现。在 Rhino 3D 里，所有的点都可以称为 point，具有以下几种类型。

空间点——point 点，这是唯一可以实际存在的点，有着确定的三维坐标以及恒定的可见性，其他各种点都必须依存于其他物体。

元素点——包括 Control pointson ⬚（CV 控制点）、edit point ⬚（编辑点）、knot（节点）、kink（锐角点）等，是曲线或曲面的组成元素，可以打开或关闭，供编辑曲线或曲面用。

捕捉点——端点、中点、圆心等各类可以被捕捉到的物体上的几何特殊点。这些点只有在捕捉时才会被显示。

点是线的基础，线是面的基础，线在建模里有着举足轻重的作用，线的好坏直接关系到面的好坏，许多用户不太了解线的重要性，不注意线的质量，结果导致生成的面质量不好，但又不知道是问题出在哪里。所以线的内容是很重要的，有许多知识都需要和点、面联系起来，所以请重视本章。

Rhino 3D 是以 NURBS 曲线技术为核心的软件，而 NURBS 是 Non-Uniform Rational B-Splines（非均匀有理 B 样条曲线）的缩写，是一种有很高通用性的曲线表达方式。用 NURBS 不仅可以很精确的描绘出大部分的几何模型，而且所描绘的几何信息比其他描绘方式的文件要小许多。

4.2 线的概述

4.2.1 曲线的关键要素 1——CV 点

CV（控制点）理论上来说是 NURBS 基础函数的系数，从实际应用来说是 NURBS 曲线的定义值，它与其他要素一起构成一条曲线。CV 的坐标值相当于曲线的坐标值，CV 的排列次序及位置决定着曲线的形态和各种特性，所以 CV 点 NURBS 曲线最重要的关键要素。当其他要素齐全时，只要确定了各个 CV 点的位置，整条曲线也就确定了。CV 点就相当于一个函数中的变量，而其他要素相当于常量，虽然其他要素也是可变的，但是只要确定以后就不会再变，相对 CV 点就是常量。通过改变 CV 点的坐标值，就可以改变整条曲线的形态和位置，如图 4-1-1 所示。

4.2.2　曲线的关键要素 2——Edits point（编辑点），Knot（节点）和 Kink（锐角点）

这三个概念相对于 CV 控制点来说并不是那么重要，但也是不可缺少的组成部分。它们在许多曲线中都大量存在，只是容易被人忽视而已，下面简单谈谈这几个概念。

4.2.2.1　Edit point（编辑点）

编辑点是曲线上最直接的组成元素，可以通过 🔲 Edit point on（编辑点显示）命令来打开显示，几乎可以与 CV 控制点相提并论。它的特点是控制点直接在曲线上，通过编辑它就可以直接改变曲线，这一点与 CV 控制点之间改变曲线有很大不同，如图 4-1-1 所示。但是由于调整编辑点对曲线的影响很大而且并不容易精确控制曲线的走向，所以除了一些特殊情况，并不多为编辑曲线而用，只是在画线的时候通过捕捉来达到特殊目的。

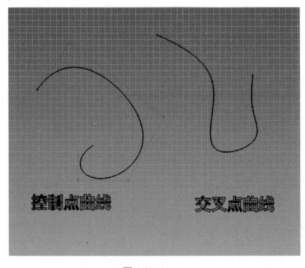

图 4-1-1　　　　　　　　　　　　　　　图 4-2-1

4.2.2.2　Knot（节点）

节点是曲线上的重要组成元素，有点类似于编辑点，是曲线的多项式定义变更出的曲线参数值。通俗地讲，就是曲率开始变化的地方。节点的作用如图 4-2-1 中红线和红圈所示，每一个 Knot（节点）对应曲率分析图中一个折角，说明 Knot 就是曲率发生变化的分界点。

4.2.2.3　Kink（锐角点）

顾名思义，锐角点就是在曲线上呈锐角的点，可以通过 Add Kink 在曲线上增加锐角点而不改变曲线形状，但实际上添加 Kink 后原先的单一曲线已被分割为两条曲线。也就是说曲线在此点上的连续性可以为 G0 以上。对于曲线的定义而言，一条曲线是不可能存在 G0 的，只有复合曲线的组合才可能存在 G0，所以单条曲线是没有 Kink 的，而多条曲线的连接点一定是 Kink。所以它也可以理解为曲线的连接点。

当然，并非所有的 Kink 处都只是 G0 连续，Kink 只是表示此处是两线连接点而已，连续性既可以是 G0，也可以是 G1 或者 G2 以上。

4.2.2.4　Knot 节点和 Edit point 编辑点的关系

Edit point 编辑点是以 Knot 节点的平均值所估算的曲线上的点。

直观地说，Edit point 编辑点就是在 Knot 节点的基础上在首尾各增加一个点而成，那两个增加的点也是根据 Knot 节点计算出来的（具体计算方式就不描述了）。

4.2.3　曲线的关键要素 3——Degree 🖱（阶数）

从理论上来讲，Degree 是建立曲线公式的阶数，从实际应用上来说，Degree 就是曲线。

公式的复杂程度。阶数越低，曲线就越简单，Rhino 3D 里面一般都只用 1 ~ 3 阶曲线，Degree ≥（CV 数量 =1），比如说：1 阶曲线（Degree=1）就是直线，它的 CV 点数只可能是两个，两点成一线。2 阶曲线 CV 点数至少是三个以上，如果只有三个点，一定是 2 阶曲线，3 阶曲线 CV。

点数至少在四个以上，但如果只有四个点，不一定是 3 阶，有可能是 2 阶。阶数越高，CV 点越多，曲线越复杂，运算量越大，质量也就越好。不过一般因为兼容性的原因，Rhino 3D 中的曲线都不会超过 3 阶，如图 4-2-2 所示。

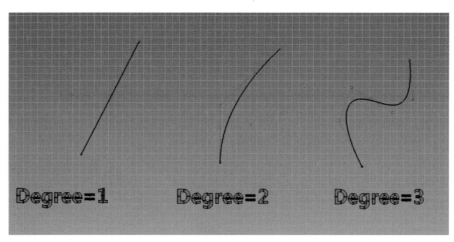

图 4-2-2

另外，阶数也决定了连续性的程度，1 阶就只能达到 G1 连续（一次方连续，切线连续），2 阶最多能达到 G2 连续（二次方连续，曲率连续），其他情况以此类推。所以如果要达到很高的连续性，如 G4，就必须提高曲线的阶数。

一般来说，1 阶曲线都是直线；2 阶曲线都是标准几何曲线，如：圆、椭圆、圆弧，是经过特殊定义的 NURBS 曲线，是可以用简单数学公式来表达的线，其实它们都是修改了权重的 NURBS 曲线来模拟的标准几何曲线，并非真正的几何曲线。3 阶曲线一般都是自由曲线，几乎可以表达出任意形状，当然也包括直线和圆弧，但都是模拟的近似值。

曲线的阶数可以任意自由改变，可以用 Change Degree 来改变（曲面的阶数改变也使用这个命令）。但需要注意的是，随着阶数提高，曲线形态不会发生变化，但是 CV 点会增加。如果阶数降低，曲线形态会发生改变，CV 点也会减少。

4.2.3.1　Weight （权重）

权重代表 CV 点对曲线（曲面）的影响力，从理论上来讲就是 CV 对曲线的控制值，形象地说就是 CV 点对曲线的吸引力的大小。权重对曲线的影响示意如图 4-2-3 所示。

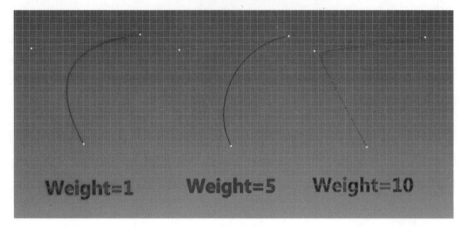

图 4-2-3

权重对曲线的影响很大，一般通过自由画 CV 的是没有调整过权重的曲线，这种线的属性为 uniform（均匀的）和 Non Rational（非有理的）。如果手动调整过权重的曲线般是 Non—uniform（非均匀的）和 Rational（有理的）。什么是均匀，什么是有理，其实很好理解，均匀就是每个 CV 的权重都相等，反之不相等；有理指的是可以用简单数学公式表达，如标准几何曲线圆弧、抛物线、正弦曲线等；反之，不能用简单公式表达的曲线就是非有理的曲线。

绝大部分曲线都是均匀的、非有理的曲线。只有些标准几何曲线才需要通过调整权重来拟合简单数学公式的结果，所以它们是非均匀的、有理的。均匀和非均匀都是为有理和非有理服务的。

4.2.3.2　Control Point Curve （控制点曲线）

如何用 CV 点来画曲线应该是最简单的事了，但是如何画好曲线，却是很多人都没做到的事。

首先还是从阶数讲起，默认的 Control Point Curve 是 3 阶，这是最常用的自由曲线了，如果手动把它改为其他阶数的话，便具有了其他阶数的属性，如 1 阶画出来的便是 Line（直线）和 Polyline。2 阶以上都是曲线，但质量不同，性质各异，如果 3 阶曲线你只画两个点，达不到 3 阶的要求，那么这条线便只是 1 阶（直线）。依此类推，如果要达到 3 阶的要求，必须要画 4（3+1）个点以上，如图 4-2-4 所示。

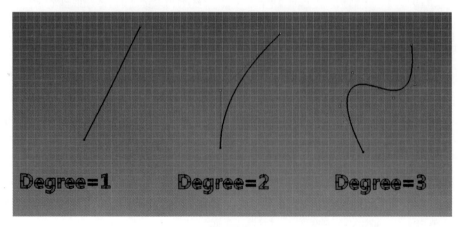

图 4-2-4

一般的编辑，最直观的就是打开 CV 点［使用 ControlPoints On（控制点显示）命令或者按 F10 键］，直接用鼠标拖动 CV 点进行编辑，虽然简单，但很实用，特别是在一开始画最原始的线的时候。

质量可以说是曲线的生命，质量的好坏直接关系到曲线乃至以后曲面形态，质量好的曲线（面）出错的几率就少，外观也好。反之，会出现非常多的问题，一直影响到最后的形态。如果把曲面比作建筑，曲线比作栋梁，那么曲线的质量就是基础。基础没打好就做下去的话，隐患是无穷的。

在 NURBS 曲线中，CV 点的分布和数量直接影响到曲线的质量，所以控制质量的关键就是控制好 CV 点的分布和数量。有以下两个原则。

（1）CV 点的数量越少越好。

（2）CV 点的分布越均匀越好。

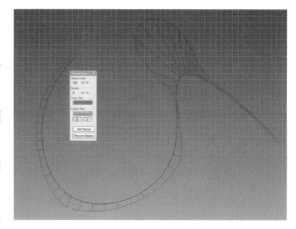

先不说为什么这样质量更好，先介绍检测质量的方法，就是 Curvature Graph（曲率检测命令），它可以直观地显示出曲率的变化，反映出质量的好坏，示例如图 4-2-5 所示。

首先要把 Display scale（曲率显示的比例）和 Density（疏密）两个参数调整适当，否则不会很准确地反映出来。曲线质量越好，曲率就越均匀顺畅，反之则起伏剧烈，变化不规律。

图 4-2-5

质量好的曲线显示就应该是一条优美的曲线，而不好的曲线就会有很多折角。当然了，在实际运用中，很难见到非常优美的曲率显示，所能做的只是尽量使它顺畅。就像世界上没有十全十美一样，只是努力把它做得更好。

下面用两个小实验来解释上面的两个原则。

实验一

如图 4-2-6 所示：左边是原始曲线，由 6 个 CV 点组成；中间是经过 Rebuild（重建）的曲线，CV 点增加到 20 个；右边是 Rebuild（重建）到 40 个 CV 点曲线。

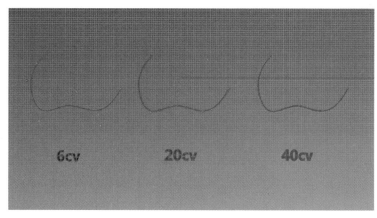

图 4-2-6

打开 Curvature Graph（曲率检测命令），监测它们的曲率。外表上看似非常类似的三条曲线，其实曲率完全不同，如图 4-2-7 所示。

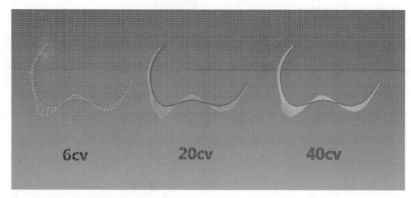

图 4-2-7

可以看到，左边的原始曲线非常简洁流畅，曲率显示也很顺畅，表示它的质量很好。中间的曲线经过 Rebuild，已经变得复杂起来，局部的曲率也不是很光顺了，已经出现有小的起伏，质量就低下来了。再看右边的曲率变化已非常繁杂，质量下降得非常厉害。

> **提示：**
>
> 在此除了看出同样形态下 CV 点越多，质量越差的结果外，还应该对 Rebuild（重建）产生警惕，尽量不要去用，不到万不得已，不要 Rebuild（重建）。

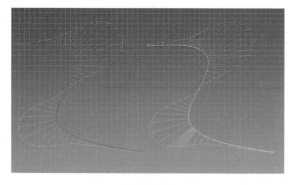

图 4-2-8

实验二

画一条自由曲线，然后再复制一条到右边，并在这条曲线上加点。两线形状一致，只是右边比左边多 3 个点而已，打开曲率检测，如图 4-2-8 所示。

右边的曲线增加点的位置曲率线骤然变密了许多，这样就大大增加了曲线的复杂性，降低了曲线的质量。所以说，尽量避免不均匀的 CV 点分布。

4.3　连续性的检测方法

4.3.1　曲线连续性检测命令——Gcon G？

全称是 Geometric Continuity f 2 Curves。这是曲线检测权威工具，它是通过对比两端曲线的曲率值来判断连续性的。它的结果显示在命令行里面。这个命令非常精确，所以可以作为曲线连续性判断的权威标准。

4.3.2　Curvature Graph（曲线连续性检测）命令

Curvature Graph 命令是从曲率分析中进行连续性判断的。它比较直观，但不一定很精确。只要掌握以下几条规律就可以运用自如了。

G0 连续的检测结果如图 4-3-1 所示，表现为交点两端的曲率显示长度不等且法线方向不同。

G1 连续的检测结果如图 4-3-1 所示，表现为交点两端的曲率显示长度不等且法线方向致。

G2 连续的检测结果如图 4-3-1 所示，表现为交点两端的曲率显示长度相等且法线方向一致。

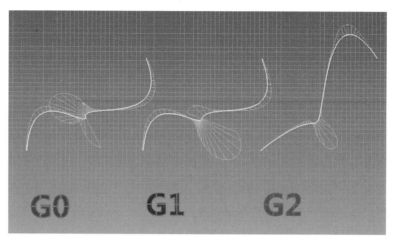

图 4-3-1

可以看出，不但法线方向相同，曲率也可以连接上了，虽然还不是很光顺，但曲率还是延续的。从这里也可以理解曲率连续的名称由来了。

曲线的质量如此重要，那就要从一开始关注质量，一步步稳扎稳打，关注每一根线的质量，尽量从源头抓起。但是有时候很多降低曲线质量的情况都无法避免，比如二次曲线。

什么是二次曲线呢？如果说用 CV 点画的曲线称为一次曲线的话，那么通过两条或两条以上的曲线复合成的曲线、曲线和曲面的投影交线，以及曲面与曲面的交线等都是通过两次以上的数据复合而成的为二次曲线。这类曲线是通过采样数据拟合而成的，所以很复杂，CV 数量多且分布不均匀。对此如果要直接利用的话可能并不是很合适，所以要通过一定的方法来优化它。

最原始最简单的优化方式，就是靠手动移动 CV 点来实现优化，但这样的误差较大，且很多立体曲线并不是很容易直接调整，所以除非要求很低一般都很少直接移动 CV 点。

4.4 曲线的优化命令

曲线的优化主要还是靠命令来进行，主要有以下三种命令：Rebuild ![icon]（重建），fit ![icon]（拟合），Fair ![icon]（均化）。

4.4.1 曲线优化命令——Rebuild ![icon]（重建）

这是最简单的一种调整方法，但它的优化作用有限，一般都用于简化均匀 CV 点。因为图标 Rebuild 重建是不考虑误差因素的重建，能改变的只是 CV 点的数量和阶数，所以一般使用 Rebuild（重建）以后与原始曲线相比误差都很大。如果对精度要求高的话，需尽量避免使用 Rebuild（重建）。

Rebuild ![icon]（重建）一般都用在简化比较复杂但对于原曲线吻合度要求较低的场合下。通过 Rebuild ![icon]（重建），就可以把很复杂、质量很差的线简化为较为简洁流畅的线。具体做法就是把 CV 点的数量减少。

在图4-4-1中，左侧为原始曲线，比较复杂，有23个CV点；右侧是Rebuild后的曲线，CV点为16个。

可以看出，Rebuild 🔧（重建）以后CV点分布更均匀，曲率更自然流畅。但是Rebuild的误差较大，虽然肉眼看不太出来，实际检测就会发现很多误差。所以在要求精度的情况下，不要用Rebuild。

Rebuild 🔧（重建）的另一个用法就是可以把分成很多段的Polycurve（复合曲线）重建为一条单一曲线，同样是起到简化的作用。

4.4.2　曲线优化命令——Fit 🔧（拟合）

Fit 的原理有些和 Rebuild 相似，却是有条件限制的重建。在使用这个命令的时候，会让我们输入一个公差值，例如默认是0.1，意思就是在0.1误差的范围内重建曲线，重建后的曲线与原曲线的最大误差不超过0.1，而且它也不是像 Rebuild 🔧（重建）那样完全重新构成 CV 点。事实上，它是在原曲线 CV 点的基础上进行增减移动，所以和原曲线的误差是受控的，如果公差值小的话，完全可以做到与原曲线很吻合，所以称作拟合，示例如图4-4-2所示。

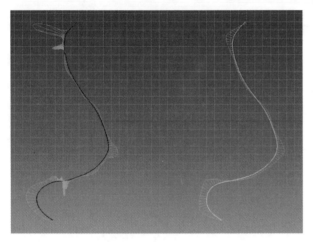

图 4-4-1

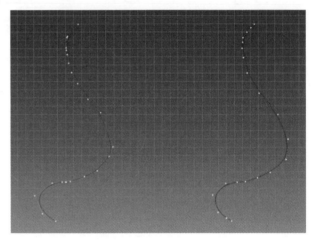

图 4-4-2

公差值过小，就和原曲线区别不大；公差值过大，误差就很大，所以使用的时候要多试验，找到一个适合的平衡点。

一般来说 Fit 比 Rebuild 更实用些，可以在可控范围内对曲线进行优化，通常也是起简化 CV 点的作用，但它不会合并 Polycurve，原来是几条线还是几条线。

Rebuild 和 Fit 是最常用的两个优化命令，虽然它们的作用很有限，但有时候组合起来灵活运用还是可以收到不错的效果的。而且在曲面中也同样存在 Rebuild 和 Refit 的概念，对这两个命令的掌握，对以后曲面的优化也相当有好处。

4.4.3　曲线优化命令——Fair 🔧（均化）

严格意义上来讲，这个命令才是"专用"的优化命令，因为只有它才真正是为曲率优化而用。从原理上来讲，Fair 就相当于在一定公差范围内，通过调整 CV 的位置来均衡 CV 分布，达到优化曲线的目的。有点类似于手动调整 CV 点，但它是在严格限定公差下进行的。具体操作也是先设定一个公差值，然后在此范围内调整，示例如图 4-4-3 所示。

左侧是原始曲线，从曲率分析上来看并不是很流畅。而右侧则是经过 Fair 调整过的曲线，可以看出曲率好了很多。对比来看两条线的 CV 点，CV 点的数量没有发生变化，变化的只是 CV 点的位置，显然是通过移动达到了优化的目的。

同样也是这张图，可以看出两条线发生了明显的形变，这是因为既然不改变 CV 点的数量，又移动了 CV 点的位置，曲线肯定就发生形变了。如果把公差控制在很小的范围内，CV 点的移动微乎其微，基本上就等于原始曲线没有变化。所以说 Fair 的最大问题就是形变太厉害。

但是，流畅顺滑和准确位置永远是一对矛盾，很难协调平衡，所以更加要求要把线画好了，画好线就不必再用曲线优化这样来"亡羊补牢"了。总的说来，Fair 的用途在于调整一条曲线使之更加顺畅，不过前提必须是对原始曲线没有很严格吻合的要求。

1. G0 连续

两条线的两个端点重合，这是满足 G0 位置连续的首要条件。要达到 G0，只需要把两个端点重合起来，方法很多，既可以打开 Snap 捕捉，也可以通过捕捉 end 或 point 来使端点重合。G0 除了两个端点重合以外，对端点两侧的 CV 点的位置无要求。

2. G1 连续

首先要满足 G0 的条件，即端点重合，然后就对端点两侧的 CV 点的位置有要求了，示例如图 4-4-4 所示。

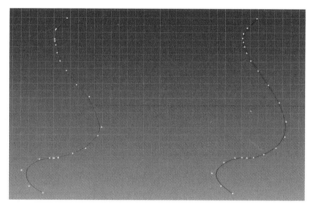

图 4-4-3

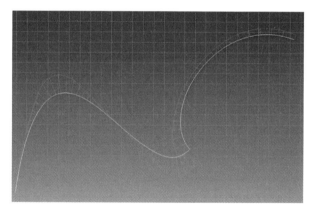

图 4-4-4

当端点两侧的 CV 点呈一直线时，它们就可以达到 G1 要求。这是因为离端点最近的那个点的位置关系就是曲线端点处的切线方向，如果两条直线的两个端点切线方向在同一水平线上，就可以达到切线连续 G1 了。从图 4-4-4 的曲率分析可以看出，端点处的法线方向一致，切线是垂直于法线的，所以它们的切线方向就在同一水平线上。

提示：

并非所有端点两侧的 CV 点呈一直线时就是 G1 连续，有时可能是 G2 或 G2 以上连续。

达到 G1 连续的方法有多种多样，最简单的方法就是调整曲线端点两侧的 CV 点，手动使它们保持共线；也可以用 Snap 捕捉菜单，或以画辅助线加捕捉来实现。最不可取的就是用眼睛去估计，看看差不多了就以为是 G1 了，这种情况不一定是 G1，是不是 G1，一定要通过检测命令来检测，看曲率分析或用 Gcon 来检测，是最科学权威的方法。

G1 是一个很基本的连续，很多情形都要求起码有 G1 连续，比如圆角等。如果想使两条线达到 G1，又不想改变这两条线的形态位置，就可以使用倒圆角的方法来实现。

G2 就是曲率连续，顾名思义，就要求两条曲线的曲率能够连续起来，示例如图 4-4-5 所示。

从图 4-4-5 可以看出，首先端点和相邻的两点必在同一直线上，满足了 G1 的要求，然后根据各 CV 点的位置决定两条曲线的曲率在端点处连续，可以从一条线连续到另一条线。只要满足了曲率的连续，两条曲线即是 G2。

要满足 G2 连续的条件就比较苛刻，所以一般的方法都不是很有效，最好的方法就是用 match curve（匹配曲线），这是最实用的 G2 曲线匹配工具。如果把一条单一曲线用 Split 分割为两段曲线，那么这两段曲线必为 G2 连续。

还有一个特殊情况，就是如果镜像一个端点和端点相邻 CV 点与镜像轴垂直的话，镜像后两曲线必为 G2 连续，示例如图 4-4-6 所示。

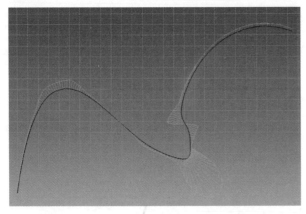

图 4-4-5

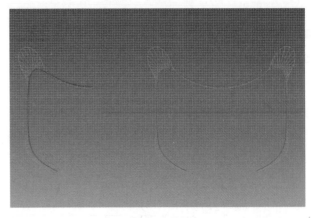

图 4-4-6

从图 4-4-6 可以看出，镜像以后由于两条曲线曲率完全一致，并且也能连续的上，所以符合了曲率连续的要求，故此连续性达到 G2。端点相邻点必须处在同一直线上且与镜像轴线垂直，才能保证镜像后曲率的连续。镜像前除了相邻的那一点，其他 CV 点位置在什么地方都不影响 G2 的连续性。镜像后，如果移动 CV 点破坏了对称性，就会破坏 G2 的连续性。

4.5 调节曲线曲率的方法

4.5.1 曲线命令——Match Curve（匹配曲线）

Match Curve 是一个非常有用的命令它可以使曲线达到 G0 ~ G2 的连续性。

用法也很简单方便，首先选择要改变的曲线，然后再选择对齐的参照物（曲线）。使用 Match Curve 命令后会弹出一个对话框，各选项作用如下。

position——指的是位置连续，就是 G0，选中它，第一个选择的曲线的端点就会强制与参照物的端点重合。

　　tangency——指的是切线连续，即 G1，选中就可以使第一个选择的曲线强制以 G1 对齐参照物。

　　curvature——指的是曲率连续，即 G2，选中就可以强制选择的第一个曲线以 G2 方式对齐参照物。

　　Average curves——平均曲线，就是两条曲线一起改变，不只是第一条改变，示例效果如图 4-5-1 所示。

　　join——连接两曲线，使之成为 Polycurve。相当于 Join 命令，适用于 G0，G1，G2 的情况。

　　merge——合并两曲线，使之成为单一的 Curve。相当于 Merge 命令，只适用于 G2 的情况。

　　Match curves——一个很灵活的匹配曲线的命令，多加利用它，就会达到满意的结果。

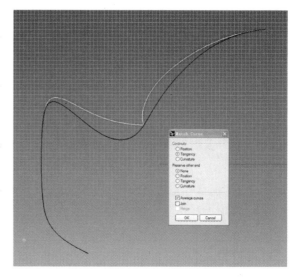

图 4-5-1

4.5.2　曲线命令——Blend Curves 🔁（混合曲线）

　　Blend Curves 命令的作用是，在两个任意位置的曲线（立体曲线也可以）的中间生成一段指定连续性的过渡曲线。示例如图 4-5-2 所示。

　　它适合于两条曲线有一定距离，需要补充一段过渡曲线的情形。Blend Curves 也可以设定参数，使两条曲线的连续性为 G0、G1 或 G2。这是一个十分有用的曲线连接工具。

4.5.3　曲线命令——Adjust Curve End Burge 🔁（调节曲线末端）

　　这是一个有效的调节曲线末端工具，它可以在一定范围内调节曲线的末端 CV 点的位置，但不改变曲线之间的连续性，在需要微调曲线的时候特别适用。示例如图 4-5-3 所示。

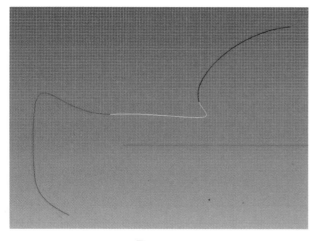

图 4-5-2

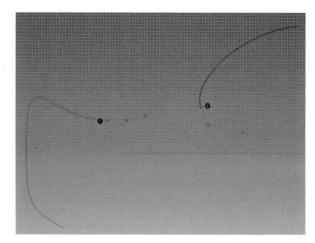

图 4-5-3

　　由于 Adjust Curve End Burge 不会改变末端的连续性，从而简化了调整的难度，提高了调整的准确性和效率。

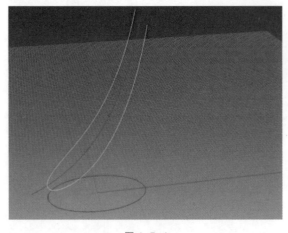

图 4-5-4

Rhino 3D 可以直接绘制立体曲线，只需要边画 CV 点，边改变绘制的视图（工作平面）就可以了。但是这样做出来的曲线并不是很精确，有时候需要参照某些参考物体，而这些参考物体是以多视图的形式出现的，所以就必须严格按照多视图来绘制立体曲线，这时就需要 Curve from2 Views ❸（视图曲线）这个命令。

这是一个可以从两条平面曲线生成一条立体曲线的命令。它分别使用两条曲线代表两个视图，通过复运算，使生成的立体曲线同时符合两个视图的两条曲线。

如图 4-5-4 所示，在 Top 视图画一个椭圆（红色线），在 Front 视图画一条抛物线（绿色线），然后使用 Curve from 2 Views ❸（视图曲线）命令，分别选择两条曲线。选择完两条曲线后，电脑自动生成第三条曲线，也就是图 4-5-4 中的黄线，大家可以对比上图看，黄线在 Top 和 Front 视图完全和红色线和绿色线分别重合或部分重合，生成的曲线综合原来两条曲线的特征，形成一个类似于抛物线状的椭圆。

其实，这条复合空间曲线就是两条原始曲线在各自的视图方向进行挤压延伸的相交线如图 4-5-4 所示。

再仔细看看，就可以发现红绿两条线其实就是黄色线在两个视图上的投影。

这个命令在有视图参考的情况下很方便，能迅速做出正确的立体曲线。但要注意两个视图中正确的曲线对应，如果有一点偏差，做出来的立体曲线就会有很大的偏差。

4.6 创建自由曲线

在一般情况下，我们都需要使用该命令进行初始曲线的绘制。它是通过控制点来设定曲线形态的，从数学角度来讲，控制点就相当于曲线函数的变量，所以控制点越多，曲线函数越复杂。因此，在保证曲线形态符合要求的前提下，控制点越少越好；控制点越少，该曲线曲率的连续性就越好，曲线越流畅。这样一来利用该曲线生成的曲面的 UV 线也越简单，曲面的质量也就越高。

要绘制一条确定的自由曲线，不可能一次到位，一般都需要对曲线的编辑点进行二次调整，主要包括对控制点的位置、数量的调整。对于数量的调整，一般采用曲线再造命令，或者直接在命令栏里输入 Rebuild 命令。

思考题

1. 绘制线需要注意哪些关键要素，并逐一举例说明。

2. 两根曲线在空间中的关系主要有哪些？在每一种空间关系下，如何使线光滑连接？

Rhino 3D中的面

面是线按一定规律延伸或挤压的结果，在建模中充当着建筑材料的作用。面直接构成整个物体，面的好坏直接关系到最终模型的好坏，直接影响到最终物体的效果。

5.1 曲面的关键要素 1——ISO 线

ISO 线，全称 Isoperimetric Curves，简称 Isocurves，中文名叫等参线。什么是 ISO 线呢？通俗地讲，ISO 线就是有规律地在曲面上沿 UV 两个方向排列的曲面结构线，它们并不是实际存在的线，这一点有别于 COS，它们只是显示 UV 走向与曲面曲率走势的辅助线，是无法被直接选择到的。在曲面上有无数条 ISO 线，可以说曲面就是无数条 ISO 线组成的，就如同曲线是由无数点组成的一样。但曲面上显示的 ISO 线都是很有规律的。如图 5-1-3 所示的曲面物体上都显示有 ISO 线。有了 ISO 线就能更直观准确的理解曲面的形态走势以及曲面的质量。可以这样理解曲面显示的 ISO 线，它就相当于曲线的 Knot 点。

曲线的关键要素

正因为 ISO 线是显示用的辅助线，所以它的显示是可以控制的。默认是打开显示一条 ISO 线，即标准的反映 Knot 点的分布，一般都以一条 ISO 线为标准的显示状态来观察曲面的曲率和质量。曲面

或者复合曲面都可以控制 ISO 线的显示状态，只要选择某一曲面或复合曲面，在物体属性窗口中就有一项 Show surface=Isocurves 以及显示 ISO 线数量的选项，如图 5-1-1 所示。默认情况下，只显示一条 ISO 线。从物体上也可以直观地看到 ISO 线的分布，有疏有密，既反映了曲面的走向，又反映了曲面的质量，ISO 线分布越均匀越稀疏，曲面质量就越好。

ISO 线如此重要，如何把它们变成实在的曲线，为我所用呢？现在就可以用一个命令 Extract IsocurVe 把曲面上的 ISO 线挤压出来成为实实在在的曲线。如

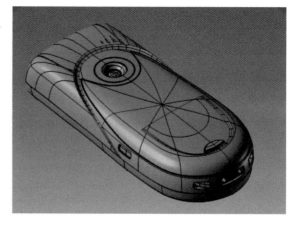

图 5-1-1

图 5-1-2 所示,就是 ISO 线被提取出来以后生成的曲线。此外,曲面上显示的 ISO 线只是对应 Knot 点的 ISO 线,而这个命令可以挤压出任何位置的 ISO 线,故在某些辅助定位以及曲面分割中十分有用。这个命令有两个参数:U 和 V,很容易理解,就是分别挤压出 U 或 V 方向的 ISO 线,如果方向不对输入另外一个参数就可以切换方向了。

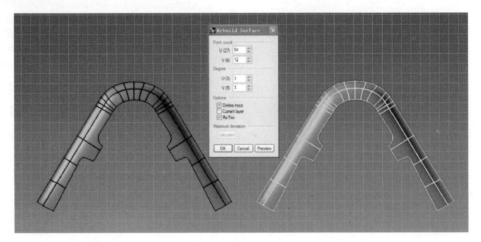

图 5-1-2

按图 5-1-2 设置后,曲面显示如图 5-1-3 所示。看上去是增加了 ISO 线的数量,但实际上它已经改变了曲面的结构,与原曲面完全不同,因为 Knot 点位置和数量都改变了,在曲面上的直接反应就是 ISO 线的分布发生了变化,而且都是在 ISO 线显示为 1 的状态下发生的变化,所以与原曲面增加 ISO 线显示数量是完全不同的,一定要多留意它们之间的区别。

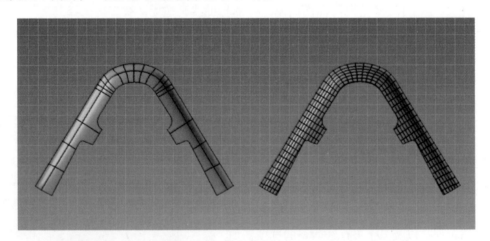

图 5-1-3

5.2　曲面的关键要素 2——Degree(阶数)

曲面的 Degree 也与曲线阶数类似,只不过变得更复杂。一条曲线只有一个 Degree,而一个曲面却有两个 Degree,分别是 U 方向和 V 方向的 Degree。两个方向可以独立确定 Degree,互不影响。因为曲面主要就在 1 ~ 3 阶范围内,所以暂时就使用1—2—3 阶来组合。就像曲线一样,两个方向都是 1 阶的话,这个面就是平面;两个方向中有一个方向是 1 阶、另一方向 2 阶以上,这个面就是单曲面;两个方向都是 2 阶以上的话，这个面就是双曲面。

判断一个曲面的两个方向是多少 Degree 时，可以用 Change Surface Degree 圝命令，不过用 Rebuild Surface 圝（重建）命令更直观，图 5-2-1 中，Point count 是 CV 点的数量，Degree 就是阶数。

与曲线类似，当改变曲面 Degree 时，曲面有可能发生变化。当阶数上升时曲面并不发生变化只是 CV 点增加；而当阶数下降时，每降一阶，曲面就变化一次，直至最后变成平面。

1. Degree（阶数）

一般情况下，都不用去改变阶数，但有时候阶数过小有可能会引起错误，就得提高一些阶数，反正曲面是不会发生变化的，可以放心使用。阶数变小一般都不会用到。

2. Normal（法线）

在曲线中法线并不是一个很重要的要素，但是在曲面中，法线就比较重要了。因为涉及实体的方向以及布尔运算的结果甚至转档输出的结果，所以对法线的理解就很重要了。在 Rhino 3D 中已经增加了一个十分有用的功能——Color backface，这个功能可以以特定颜色来显示曲面的背面。所谓背面，就是与法线方向相反的那个面，在图 5-2-2 中，蓝色的面就是背面，白色箭头指的是法线方向。打开此功能就能非常直观地看到法线方向了。下面所讲的内容都是打开此项。

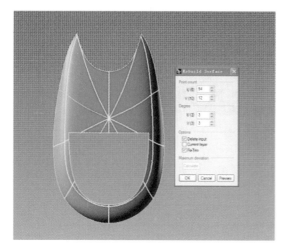

图 5-2-1

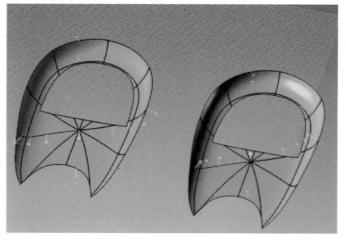

图 5-2-2

5.3 曲面的关键要素 3——法线与实体的关系

法线代表的是物体向外的那一面，表示实际存在的面，而法线反面就是不存在的面。而实体的所有面都是实际存在的，所以它的所有面法线都是向外的，如果有向内的，就是错误的，不是真正的实体。在 Rhino 3D 中，只有 Join 在一起成为封闭的复合曲面才能被定义为实体。所以一旦 Join 后的复合曲面达到封闭式的情况下，Rhino 3D 就会自动封闭复合曲面，并调整所有曲面的法线统一为外。在图 5-3-1 中，把左

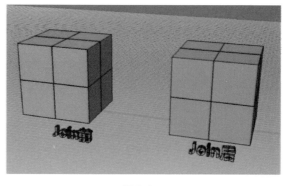

图 5-3-1

边几个法线各不同的面 Join 成一个封闭实体的时候，法线会被自动统一调整好。所以有时候辨别是否物体实体的时候，只要留心 Join 完最后一个曲面时候，曲面是否自动成为一个法线统一向外的复合曲面就可以了。

同时，法线也是检测物体是否正确完整的依据之一。当倒角后发生错误，出现破面时，会直接显示出背面的颜色，非常直观的就看到了问题的所在，就不用其他命令来检测了。

5.4 曲面的关键要素 4——挤压成面命令

挤压成面的挤压截面既可以是 Line（直线），也可以是 Curve（曲线）。当截面是直线时，挤压出来的面就是平面；当截面是曲线时，挤压出来的面就是曲面。图 5-4-1 中就是各种挤压的结果。其中 1 是直线挤压的结果为平面；2 是平面曲线挤压的结果；3 是立体空间曲线挤压的结果，后两种都是单曲面。

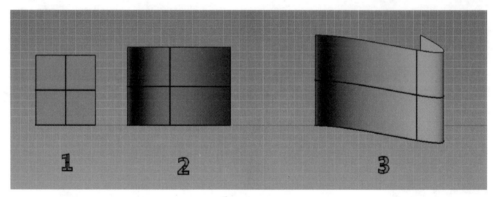

图 5-4-1

思考题

1. 简述曲面的关键要素，并举例在实际建模中如何应用。

2. 两个曲面在空间中的关系主要有哪些？在每一种空间关系下，如何使曲面光滑连接？

卡车头车身建模（Rhino 3D）
及渲染（3ds max&Vray）

6.1　卡车驾驶室外形建模与渲染

　　在卡车头的建模过程中，清晰的思路非常重要。在本章卡车建模的过程中，应遵循先整体后细节的思路。

1. 造型表现流程

卡车头造型表现如图 6-1-1 和图 6-1-2 所示。

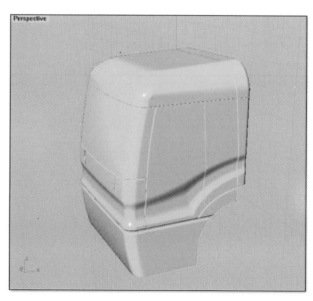

图 6-1-1　卡车头车身整体造型

图 6-1-2　卡车头车身细节表现

2. 选项设置

为了建模过程中更方便地操作，在本章节中进行如图 6-1-3 和图 6-1-4 所示的设置。

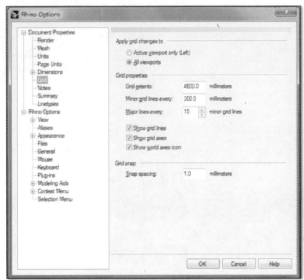

图 6-1-3 网格设置

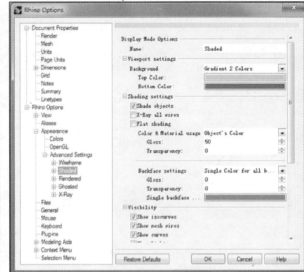

图 6-1-4 高级设置

6.1.1 卡车头车身主面的搭建与完善

6.1.1.1 卡车头车身主面的搭建

1. 前脸曲面

Step1：在 Front 视图中，用 Control Point Curve（控制点曲线）画一条曲线，如图 6-1-5 所示。

Step2：在 Left 视图中，用 Extrude Closed Planar Curve（直线挤出）将曲线挤出为曲面，如图 6-1-6 和图 6-1-7 所示。

Step3：在 Left 视图中，用 Rebuild Surface（重建曲面）按如图 6-1-8 所示将曲面重建。

Step4：Control Points On（开启控制点），将曲面调整到如图 6-1-9 和图 6-1-10 所示。

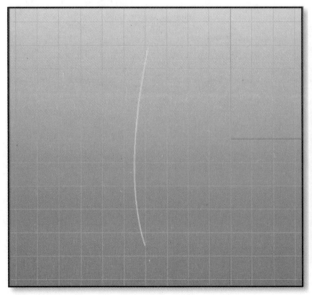

图 6-1-5

图 6-1-6

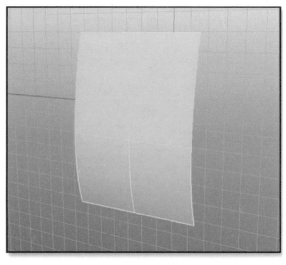

图 6-1-7

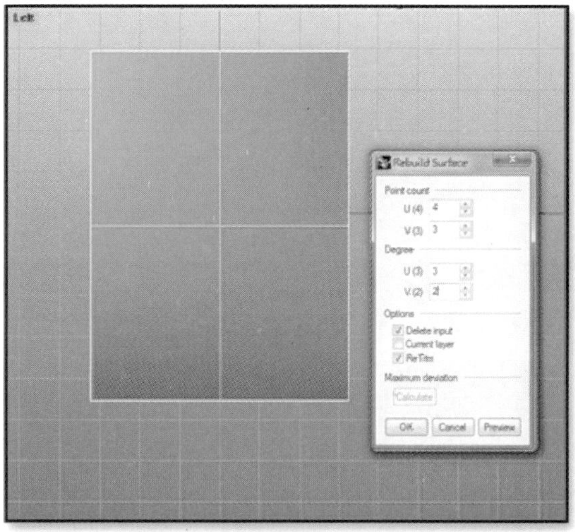

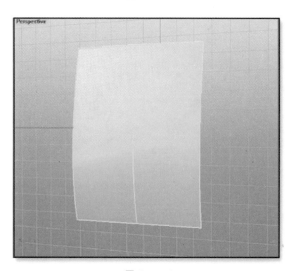

图 6-1-8

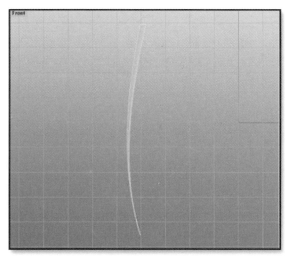

图 6-1-9

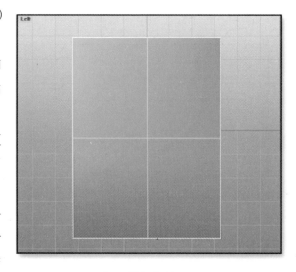

图 6-1-10

2. 侧身曲面

Step1：在 Left 视图中，用 Silhouette ■（轮廓线）提取曲面轮廓线，如图 6-1-11 所示。

Step2：按下 Shift 键的同时，分别在 Left 视图和 Front 视图中将曲面的一条轮廓线平移到如图 6-1-12 和图 6-1-13 所示位置。

Step3：在 Front 视图中，用 Polyline ■（多重直线）和 Control Point Curve ■（控制点曲线）绘制如图 6-1-14 所示的曲线。

Step4：在 Front 视图中，Mid（中点）用矩形平面：Rectangular：Corner to Corner ■（用矩形：角对角）建立一个平面，注意平面要大于在上一步中所画的曲线，如图 6-1-15 所示。

图 6-1-11

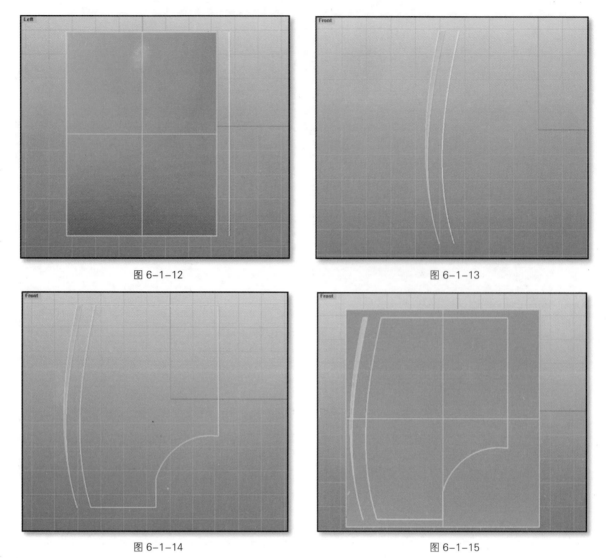

图 6-1-12

图 6-1-13

图 6-1-14

图 6-1-15

Step5：在 Front 视图中，用 Trim ▣（修剪）命令，以所选中的曲线为 Cutting Objects（切割用物件），将曲面修剪为如图 6-1-16 所示。

Step6：在 Top 视图中，将修建好的曲面平移至如图 6-1-17 所示位置。

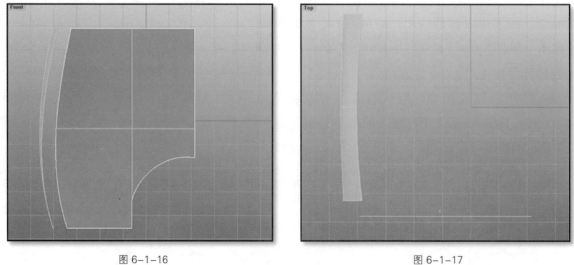

图 6-1-16

图 6-1-17

Step7：在 Perspective 视图中，用 Blend Surface 📎（混接曲面）将已建立的曲面进行混接，如图 6-1-18 所示。

Step8：在 Front 视图中，锁定 Near（最近点）后，沿选中的曲面上边沿和下边沿用 Polyline 📐（多重直线）分别建立一条直线，如图 6-1-19 所示。

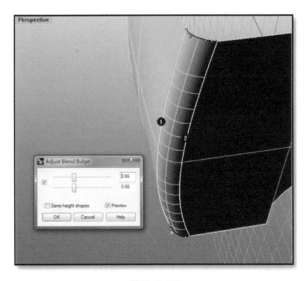

图 6-1-18

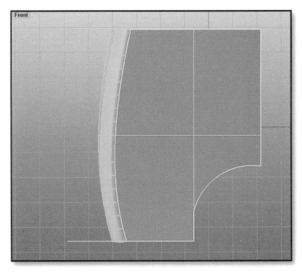

图 6-1-19

Step9：在 Front 视图中，用 Trim ✂（修剪）命令，以 Step5 所建立的两条直线为 Cutting Objects（切割用物件），将第 8 步中建立的曲面进行修剪，之后将两条直线删除，如图 6-1-20 所示。

Step10：在 Top 视图中，用 Mirror 🪞（镜像）将所选中曲面镜像到如图 6-1-21 所示位置，注意 Start of Mirror Plane（镜像平面起点）要在锁定 Mid（中点）的情况下选取前脸曲面的 Mid（中点）。

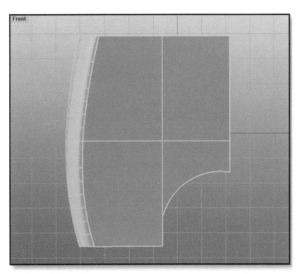

图 6-1-20

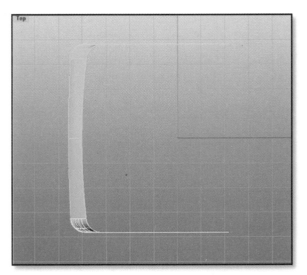

图 6-1-21

3. 车顶盖曲面

Step1：在 Top 视图中，Rectangular：Center，Corner ▣（用矩形：中心点、角）在如图 6-1-22 所示的位置建立一个矩形，注意要使矩形的中心点与上一步中选取的 Mid（中点）在一条水平线上。

Step2：在Top视图中，用Surface from Planar Curves ⊙（以平面曲线建立曲面），将上一步中的矩形形成曲面，如图6-1-23所示。

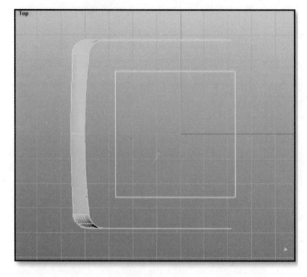

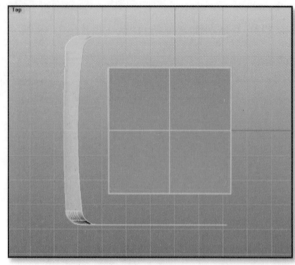

图6-1-22   图6-1-23

Step3：在Front视图中，将上一步建立的曲面平移到如图6-1-24所示位置。

Step4：在Front视图中，用Rotate 2-D ◎（2D旋转）将上一步建立的曲面旋转到如图6-1-25所示位置。

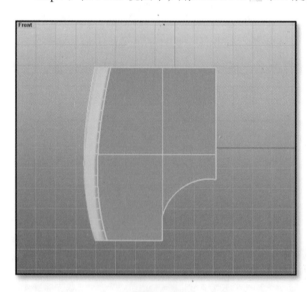

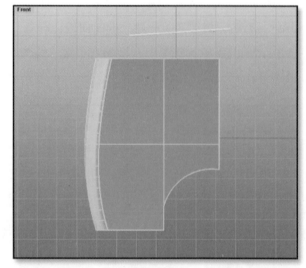

图6-1-24   图6-1-25

Step5：在Front视图中，用Polyline ⋀（多重直线）命令，沿车壳后沿建立一条垂直的直线如图6-1-26所示，注意要使其与上一步中的曲面有交点。

Step6：在Front视图中，用Trim ⬚（修剪）命令，以直线为Cutting Objects（切割用物件）对曲面进行修剪，然后将直线删除，如图6-1-27所示。

Step7：在Top视图中，用Scale 2-D ⬚（二轴缩放）将曲线缩到如图6-1-28所示位置。

Step8：在Top视图中，用Trim ⬚（修剪）命令，以曲线为Cutting Objects（切割用物件）对曲面进行修剪，然后将曲线删除，如图6-1-29所示。

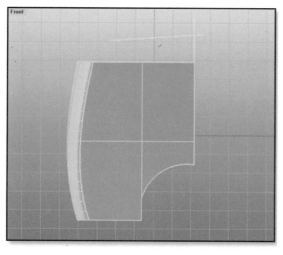

图 6-1-26

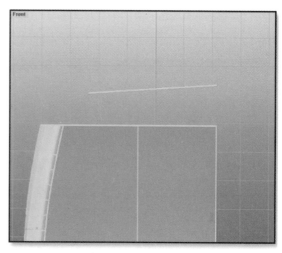

图 6-1-27

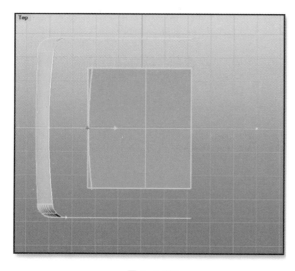

图 6-1-28

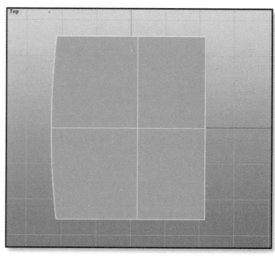

图 6-1-29

Step9：在 Top 视图中，用 Fillet Surface（曲面圆角）将曲面边缘建立圆角，如图 6-1-30 所示。

Step10：在 Top 视图中，用 Trim（修剪）命令将曲面修剪，如图 6-1-31 所示。

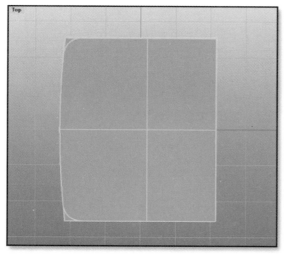

图 6-1-30

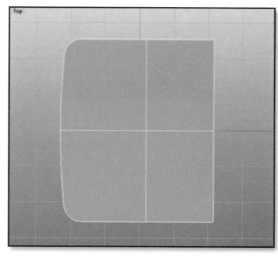

图 6-1-31

Step11：在 Perspective 视图中，用 Blend Surface 🔊（混接曲面）将两曲面混接，如图 6-1-32 所示。

Step12：在 Perspective 视图中，用 Sweep 2 Rails 🔲（双轨扫掠）建立如图 6-1-33 所示曲面。

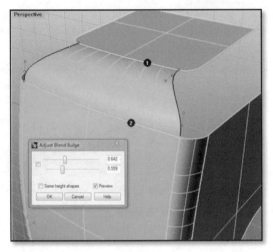

图 6-1-32

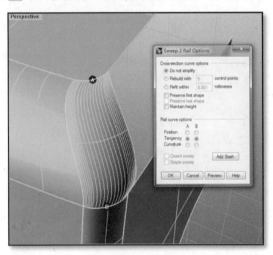

图 6-1-33

Step13：如图 6-1-34 所示，建立好的曲面呈粉红色，可知这个曲面法线方向与其他曲面相反，所以用 Flip Direction ✍（反转方向）将其法线方向反转，如图 6-1-35 所示。

注意：

在后面的建模过程中，如果有这样的情况就要用同样的方法将法线反转，步骤文字说明中不再赘述。

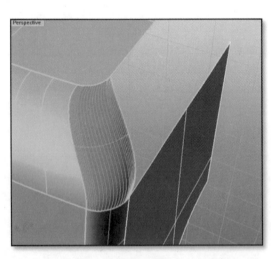

图 6-1-34

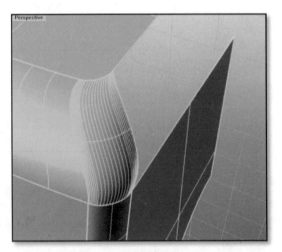

图 6-1-35

Step14：在 Perspective 视图中，用 Blend Curves ✍（混接曲线）将两曲面的边缘混接起来，注意连续性选择相切，如图 6-1-36 所示。

Step15：在 Perspective 视图中，用 Surface from 2，3 or 4 Edge 🔲（以二、三或四个边缘曲线建立曲面）建立曲面，如图 6-1-37 所示。

Step16：在 Top 视图中，用 Mirror 🔲（镜像）将选中曲面进行镜像，如图 6-1-38 所示。注意选择 Start of Mirror Plane（镜像平面起点）时锁定 Mid（中点）。

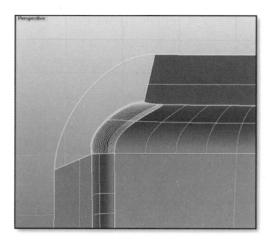

图 6-1-36

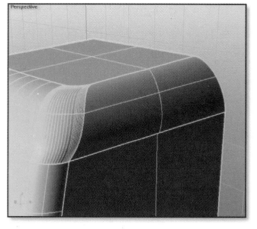

图 6-1-37

4. 后端曲面

Step1：在 Perspective 视图中，用 Polyline（多重直线）连接如图 6-1-39 所示两 End（端点）。

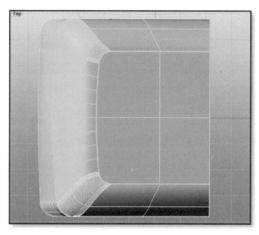

图 6-1-38

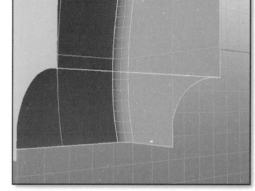

图 6-1-39

Step2：在 Perspective 视图中，用 Sweep 2 Rails（双轨扫掠）建立如图 6-1-40 所示的曲面。

Step3：在 Perspective 视图中，用 Fillet Surface（曲面圆角）在如图 6-1-41 所示的两个曲面间建立圆角，注意半径 =60.000，延伸 = 是，修剪 = 是。

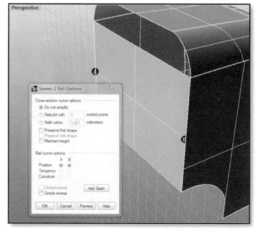

图 6-1-40

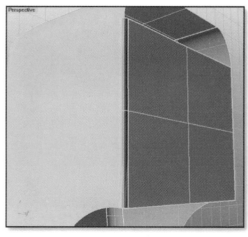

图 6-1-41

Step4：在 Perspective 视图中，用上一步的方法在如图 6-1-42 所示位置倒圆角。

Step5：在 Front 视图中，锁定最近点，用 Polyline ∧（多重直线）在如图 6-1-43 所示位置建立直线。

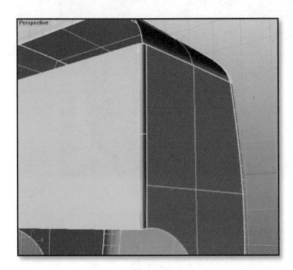

图 6-1-42

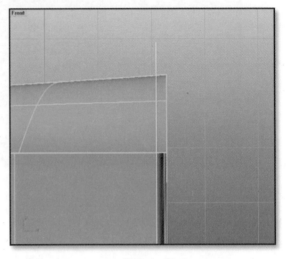

图 6-1-43

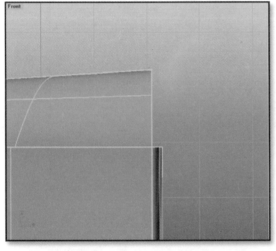

图 6-1-44

Step6：在 Front 视图中，用 Trim（修剪）命令，以直线为 Cutting Objects（切割用物件），对曲面进行修剪，然后将直线删除，如图 6-1-44 所示。

Step7：在 Perspective 视图中，用 Sweep 1 Rail（单轨扫掠）命令，建立如图 6-1-45 所示的曲面。

Step8：在 Perspective 视图中，用 Refit Surface to Tolerance（以公差重新修整曲面）重新修整曲面，如图 6-1-46 所示。注意公差（Fitting Tolerance）为1，删除输入物体 = 是（DeleteInput=Yes），重新修剪 = 是（ReTrim=Yes），U 阶 数 =3（Udegree=3），V 阶数 =3（Vdegree=3）。

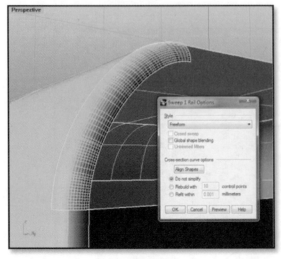

图 6-1-45

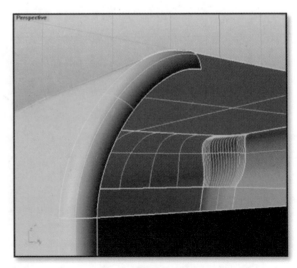

图 6-1-46

Step9：在 Perspective 视图中，用上一步的方法建立如图 6-1-47 所示的两个曲面。

Step10：在 Perspective 视图中，用 Surface from 2，3 or 4 Edge ▦（以二、三或四个边缘曲线建立曲面）建立如图 6-1-48 所示曲面。

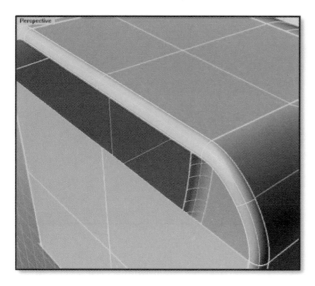

图 6-1-47

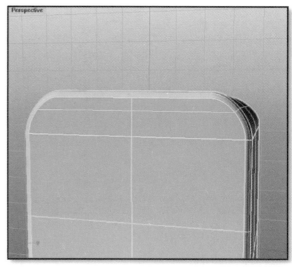

图 6-1-48

5. 腰线搭建

Step1：在 Left 视图中，在如图 6-1-49 所示位置用 Polyline ⋀（多重直线）建立两条直线，注意距离不要太远。

Step2：在 Left 视图中，用 Trim ▣（修剪）命令，以两条直线为 Cutting Objects（切割用物件），将两条直线之间的曲面全部修剪掉，然后把两条直线删除，如图 6-1-50 所示。

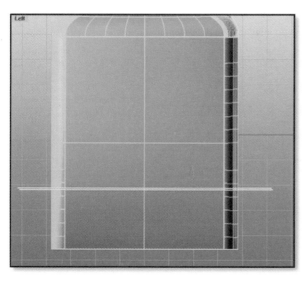

图 6-1-49

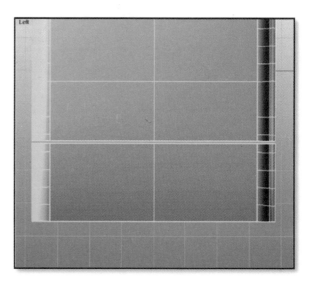

图 6-1-50

Step3：在 Left 视图中，将图中所选中的 Hide Objects ♀（部分隐藏），如图 6-1-51 和图 6-1-52 所示。

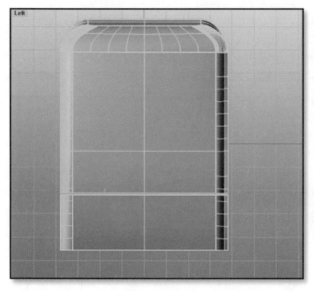
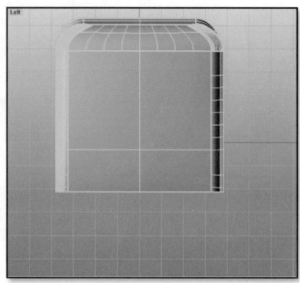

图 6-1-51　　　　　　　　　　　　　　　　　图 6-1-52

Step4：在 Perspective 视图中，锁定端点，用 Polyline（多重直线）建立如图 6-1-53 所示直线。

Step5：将 Perspective 视图中，用 Sweep 2 Rails（双轨扫掠）命令，以曲线 A 和曲线 B 为路径，建立曲面，如图 6-1-54 所示。

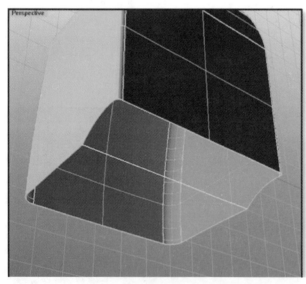

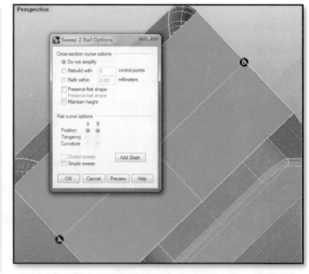

图 6-1-53　　　　　　　　　　　　　　　　　图 6-1-54

Step6：在 Perspective 视图中，用 Fillet Surface（曲面圆角）在如图 6-1-55 所示两曲面间倒圆角，注意半径 =30.000（Radius=30.000），延伸 = 是（Extend=Yes），修剪 = 是（Trim=Yes）。

Step7：在 Perspective 视图中，用上一步中的方法，在车皮另一边倒圆角，如图 6-1-56 所示。

Step8：在 Front 视图中，锁定最近点，在如图 6-1-57 所示位置建立一条直线。

Step9：在 Front 视图中，用 Trim（修剪）命令，以直线为 Cutting Objects（切割用物件），对曲面进行修剪，然后将直线删除，如图 6-1-58 所示。

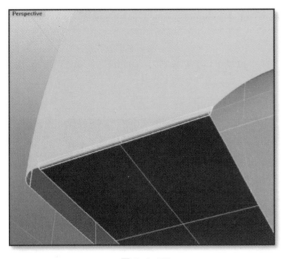
图 6-1-55

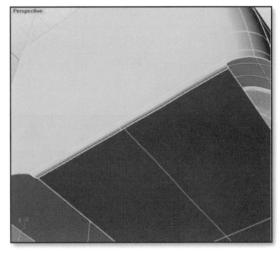
图 6-1-56

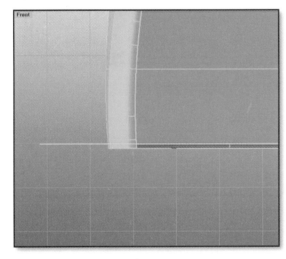
图 6-1-57

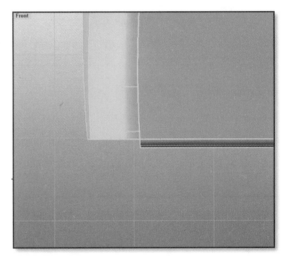
图 6-1-58

Step10：在 Perspective 视图中，用 Sweep 1 Rail （单轨扫掠）命令，建立如图 6-1-59 所示曲面。

Step11：在 Perspective 视图中，用上一步的方法建立如图 6-1-60 所示曲面。

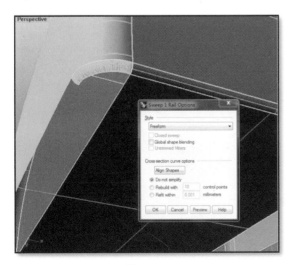
图 6-1-59

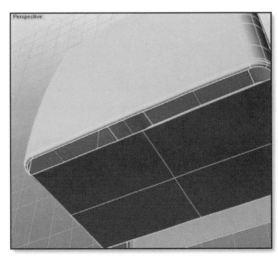
图 6-1-60

Step12：在 Perspective 视图中，用 Surface from 2，3 or 4 Edge ▦（以二、三或四个边缘曲线建立曲面）建立如图 6-1-61 所示曲面。

Step13：在 Perspective 视图中，用 Sweep 2 Rails ▨（双轨扫掠）命令，以曲线 A 和曲线 B 为路径，建立如图 6-1-62 所示曲面。

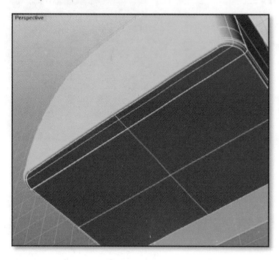

图 6-1-61

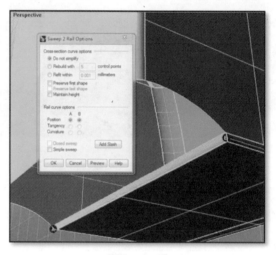

图 6-1-62

Step14：在 Perspective 视图中，用上一步的方法建立如图 6-1-63 所示曲面。

Step15：在 Perspective 视图中，用 Surface from 2，3 or 4 Edge ▦（以二、三或四个边缘曲线建立曲面）建立如图 6-1-64 所示曲面。

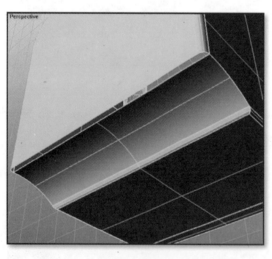

图 6-1-63

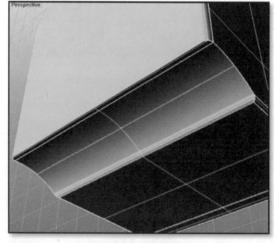

图 6-1-64

Step16：在 Left 视图中，显示隐藏物件，如图 6-1-65 和图 6-1-66 所示，并且把选中部分进行 Hide Objects ▢（隐藏）。

Step17：在 Perspective 视图中，锁定 End（端点），用 Polyline ⋀（多重直线）在如图 6-1-67 所示的位置建立直线。

Step18：在 Perspective 视图中，用 Sweep 2 Rails ▨（双轨扫掠）命令，以曲线 A 和曲线 B 为路径，建立如图 6-1-68 所示曲面。

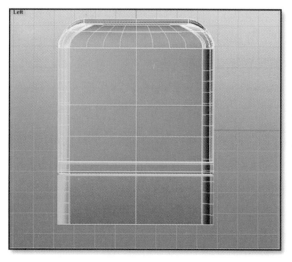

图 6-1-65

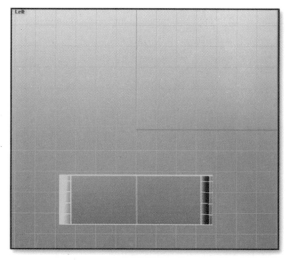

图 6-1-66

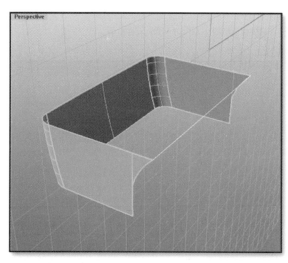

图 6-1-67

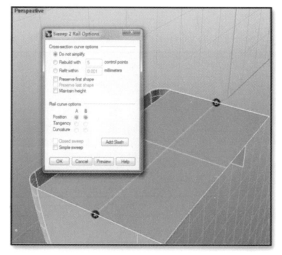

图 6-1-68

Step19：在 Perspective 视图中，用 Fillet Surface 🐕（曲面圆角）在图 6-1-69 中两曲面间倒圆角。

Step20：在 Perspective 视图中，用上一步的方法在车皮另一边倒圆角，如图 6-1-70 所示。

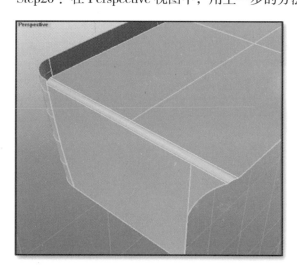

图 6-1-69

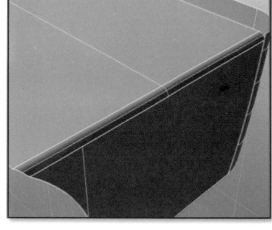

图 6-1-70

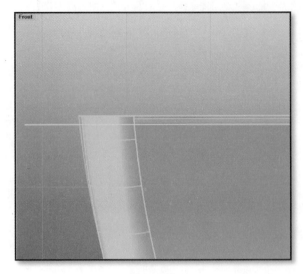

图 6-1-71

Step21：在 Front 视图中，锁定 Near（最近点），用 Polyline ⚊（多重直线）在如图 6-1-71 所示的位置建立一条直线。

Step22：在 Front 视图中，用 Trim ⚒（修剪）命令，以直线为 Cutting Objects（切割用物件），对曲面进行修剪，然后将直线删除，如图 6-1-72 所示。

Step23：在 Perspective 视图中，用 Sweep 1 Rail ⚒（单轨扫掠）命令，建立如图 6-1-73 所示曲面。

Step24：在 Perspective 视图中，用上一步的方法，建立如图 6-1-74 所示曲面。

Step25：在 Perspective 视图中，用 Surface from 2，3 or 4 Edge ⚒（以二、三或四个边缘曲线建立曲面）建立如图 6-1-75 所示曲面。

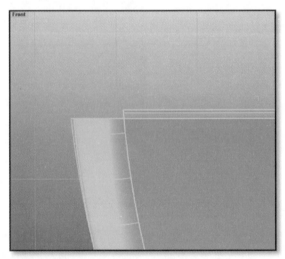

图 6-1-72

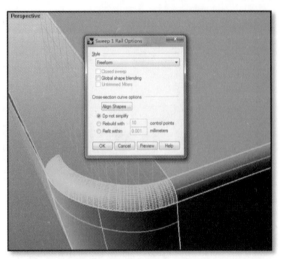

图 6-1-73

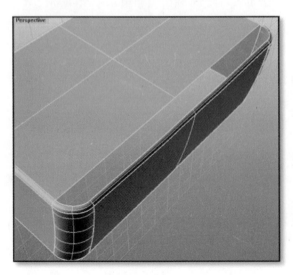

图 6-1-74

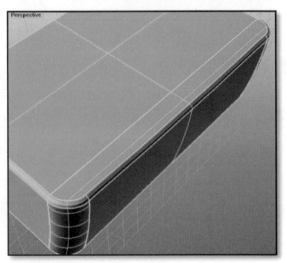

图 6-1-75

Step26：在 Perspective 视图中，用 Sweep 2 Rails ▨（双轨扫掠）命令，以曲线 A 和曲线 B 为路径，建立如图 6-1-76 所示曲面。

Step27：在 Perspective 视图中，连续使用上一步的方法，建立如图 6-1-77 所示曲面。

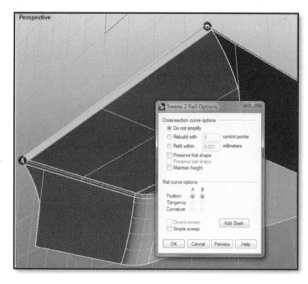

图 6-1-76

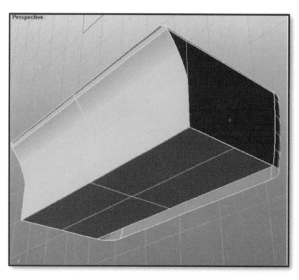

图 6-1-77

Step28：在 Perspective 视图中，用 Surface from 2，3 or 4 Edge ▨（以二、三或四个边缘曲线建立曲面）建立如图 6-1-78 所示曲面。

Step29：Show Objects ▨（显示被隐藏的物件），卡车车皮的粗略外形建立完毕，如图 6-1-79 所示。

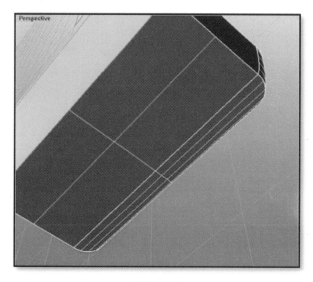

图 6-1-78

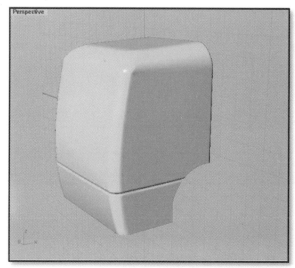

图 6-1-79

6.1.1.2　进一步创建和完善

1. 车身弧面搭建

Step1：在 Front 视图中，用 Control Point Curve ▨（控制点曲线）在如图 6-1-80 所示位置建立两条曲线。

Step2：在 Front 视图中，用 Control Points On （开启控制点）对曲线进行调节，如图 6-1-81 所示。

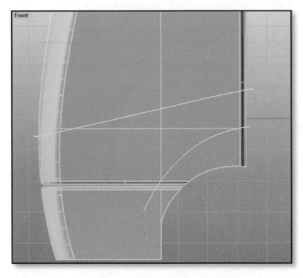

图 6-1-80

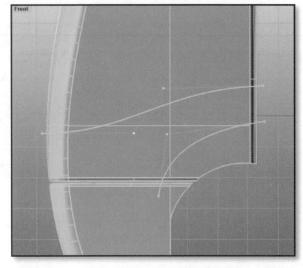

图 6-1-81

Step3：在 Front 视图中，用 Trim （修剪）命令，以两条曲线为 Cutting Objects（切割用物件），对曲面进行修剪。然后将曲线删除，如图 6-1-82 所示。注意不要修剪掉车壳后方的部分。

Step4：在 Perspective 视图中，用 Blend Curves （混接曲线）将曲线混接，如图 6-1-83 所示。

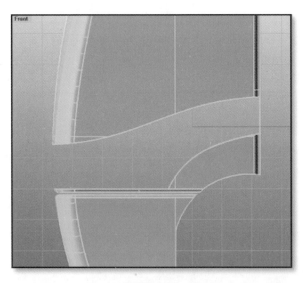

图 6-1-82

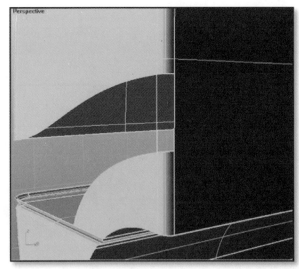

图 6-1-83

Step5：在 Perspective 视图中，用 Rebuild （重建）将曲线重建，如图 6-1-84 所示。

Step6：将 Left 视图转换为 Right 视图，用 Control Points On （开启控制点）对曲线进行调整，如图 6-1-85 所示。

Step7：在 Front 视图中，用 Split （分割）边缘（Split Edge）在如图 6-1-86 所示位置对曲面边缘进行分割。

Step8：在 Perspective 视图中，用 Sweep 2 Rails （双轨扫掠）命令，以曲线 A 和曲线 B 为路径，建立如图 6-1-87 所示曲面。

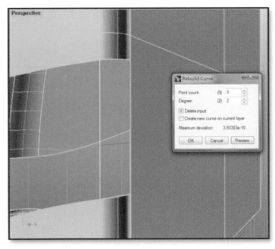

图 6-1-84

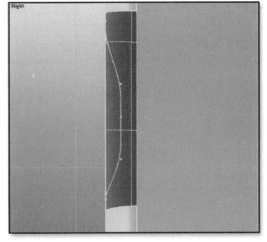

图 6-1-85

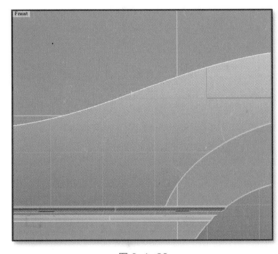

图 6-1-86

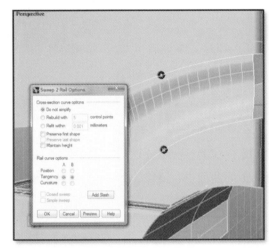

图 6-1-87

Step9：在 Perspective 视图中，用 Sweep 2 Rails （双轨扫掠）命令，以曲线 A 和曲线 B 为路径，建立如图 6-1-88 所示曲面。

Step10：在 Perspective 视图中，用 Match Surface （衔接曲面）衔接如图 6-1-89 所示两个曲面。

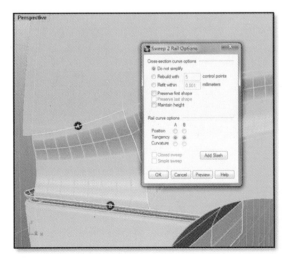

图 6-1-88

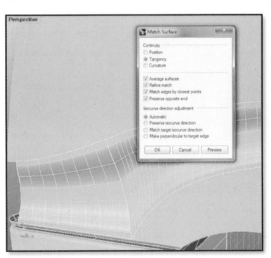

图 6-1-89

Step11：在 Perspective 视图中，连续用 Sweep 2 Rails（双轨扫掠）命令建立如图 6-1-90 和图 6-1-91 所示曲面。

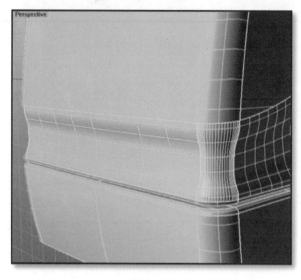

图 6-1-90

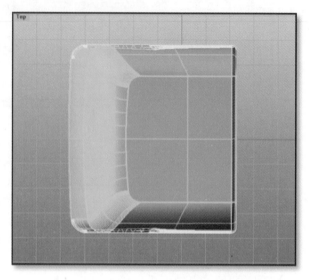

图 6-1-91

Step12：在 Perspective 视图中，用 Surface from 2，3 or 4 Edge（以二、三或四个边缘曲线建立曲面）建立如图 6-1-92 所示曲面。

Step13：在 Perspective 视图中选中如图 6-1-92 所示曲面，在 Top 视图中，用 Mirror（镜像）命令对所选中的曲面进行镜像，如图 6-1-93 所示。注意选择镜像平面起点（Start of Mirror Plane）时锁定 Mid（中点）。

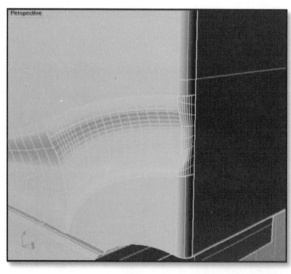

图 6-1-92

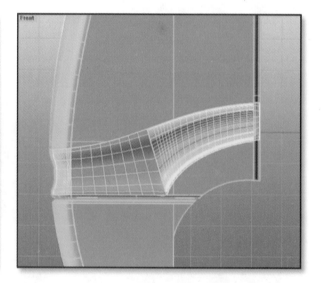

图 6-1-93

2. 车身侧身凹线搭建

Step1：在 Front 视图中，用 Polyline（多重直线）在如图 6-1-94 所示位置建立一条直线。

Step2：在 Front 视图中，用 Polyline（多重直线）在如图 6-1-95 所示位置建立一条直线，注意距离上一步所建立的直线不要太远。

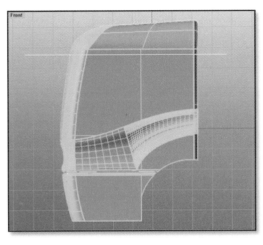

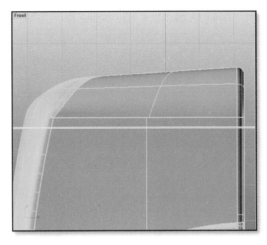

图 6-1-94

图 6-1-95

Step3：在 Front 视图中，用 Trim 命令，以两条直线为 Cutting Objects（切割用物件），将两条直线之间的所有曲面都裁剪掉，然后将两条直线删除，如图 6-1-96 所示。

Step4：在 Front 视图中，用 Zoom Window ![](框选缩放）将如图 6-1-97 和图 6-1-98 所示范围放大。

Step5：在 Front 视图中，锁定 End（端点），用 Control Point Curve ![](控制点曲线）在如图 6-1-99 所示位置建立一条曲线。

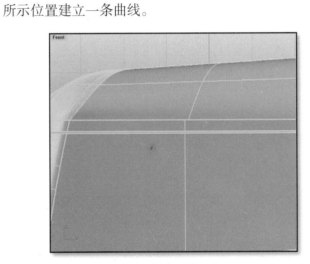

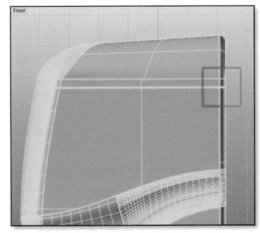

图 6-1-96

图 6-1-97

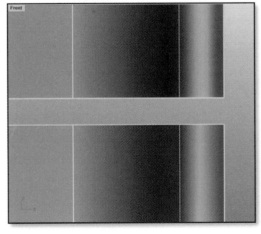

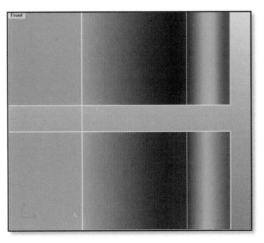

图 6-1-98

图 6-1-99

Step6：在 Front 视图中，用 Rebuild （重建）对上一步所建立的曲线进行重建，如图 6-1-100 所示。

Step7：在 Right 视图中，用 Control Points On （开启控制点），对曲线进行调节，如图 6-1-101 所示。

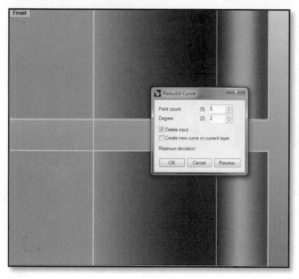

图 6-1-100

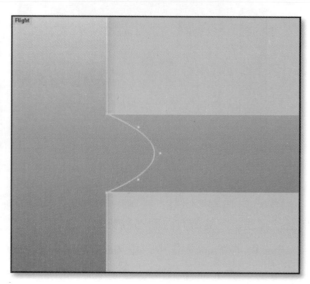

图 6-1-101

Step8：在 Perspective 视图中，用 Sweep 2 Rails （双轨扫掠）命令，以曲线 A 和曲线 B 为路径，建立如图 6-1-102 所示曲面。

Step9：在 Perspective 视图中，连续用 Sweep 2 Rails （双轨扫掠）命令，在车壳的一周建立如图 6-1-103 所示曲线。

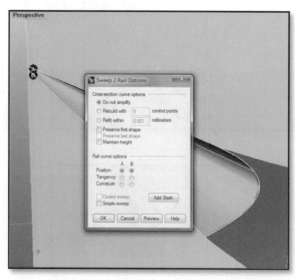

图 6-1-102

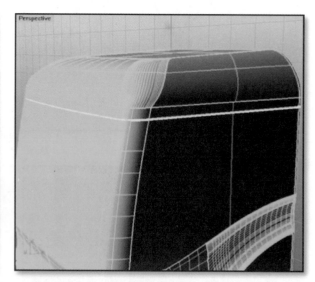

图 6-1-103

Step10：在 Front 视图中，用 Control Point Curve （控制点曲线）在如图 6-1-104 所示位置建立一条曲线。

Step11：在 Front 视图中，用复制、粘贴将上一步所建立的曲线复制一次，并将复制出来的曲线平移到如图 6-1-105 所示位置。

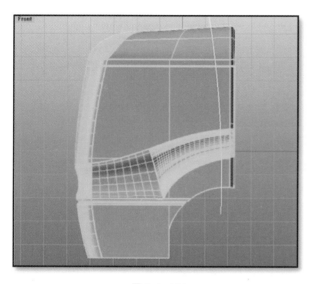

图 6-1-104

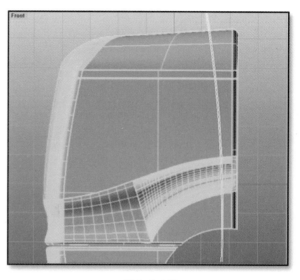

图 6-1-105

Step12：在 Front 视图中，用 Trim ✂（修剪）命令，以两条直线为 Cutting Objects（切割用物件），将两条直线之间的所有曲面都裁剪掉，然后将两条直线删除，如图 6-1-106 所示。

Step13：在 Front 视图中，用 Zoom Window ⌕（框选缩放）将如图 6-1-107 所示范围放大，如图 6-1-108 所示。

Step14：在 Front 视图中，锁定 End（端点），用 Control Point Curve ⬚（控制点曲线）在如图 6-1-109 所示位置建立一条曲线。

Step15：在 Front 视图中，用 Rebuild ⚙（重建）对上一步所建立的曲线进行重建，如图 6-1-110 所示。

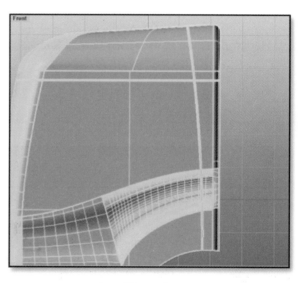

图 6-1-106

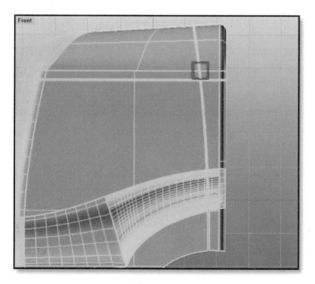

图 6-1-107

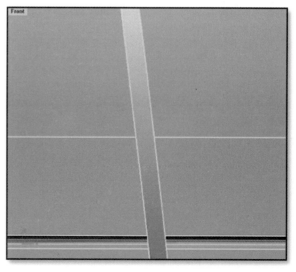

图 6-1-108

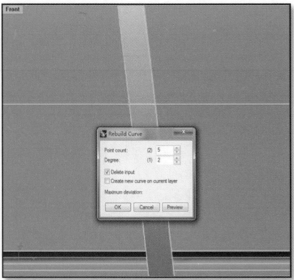

图 6-1-109 图 6-1-110

Step16：在 Top 视图中，用 Control Points On （开启控制点），对曲线进行调节，如图 6-1-111 所示。

Step17：在 Perspective 视图中，用 Sweep 2 Rails （双轨扫掠）命令，以曲线 A 和曲线 B 为路径，以曲线 C 为截面曲线，建立如图 6-1-112 所示曲面。

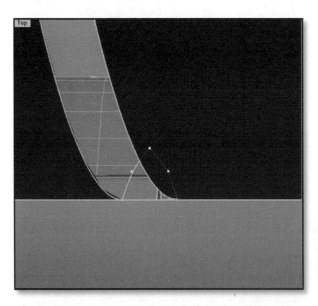

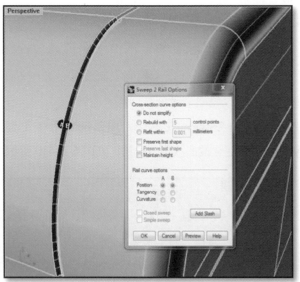

图 6-1-111 图 6-1-112

Step18：在 Perspective 视图中，连续用 Sweep 2 Rails （双轨扫掠）命令，在车壳的上部建立如图 6-1-113 所示曲线。

Step19：在 Front 视图中，用 Zoom Window （框选缩放）将如图 6-1-114 所示范围放大，如图 6-1-115 所示。

Step20：在 Front 视图中，用 Silhouette （轮廓线）提取如图 6-1-116 所示曲面的轮廓线。

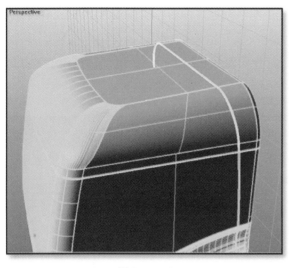

图 6-1-113

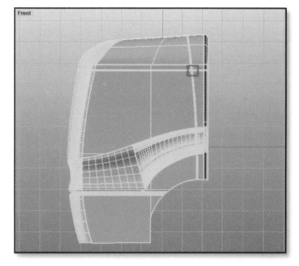

图 6-1-114

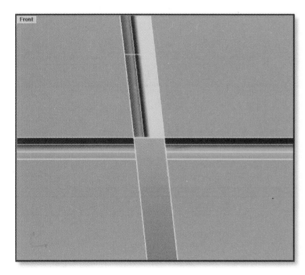

图 6-1-115

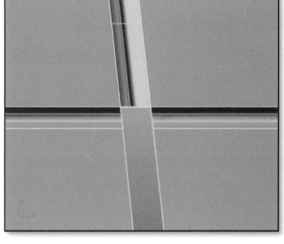

图 6-1-116

Step21：在 Front 视图中，将如图 6-1-117 所示的曲线平移到如图 6-1-118 所示的位置。

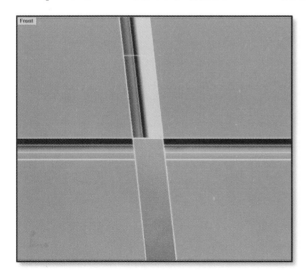

图 6-1-117

图 6-1-118

Step22：在 Perspective 视图中，用 Sweep 2 Rails（双轨扫掠）命令，以曲线 A 和曲线 B 为路径，以曲线 C 为截面曲线，建立如图 6-1-119 所示曲面。

Step23：在 Perspective 视图中，连续用 Sweep 2 Rails（双轨扫掠）命令，建立如图 6-1-120 所示曲面。

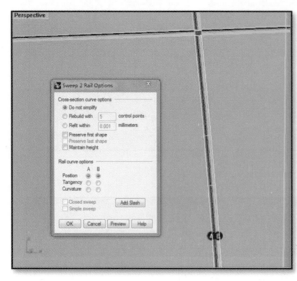

图 6-1-119

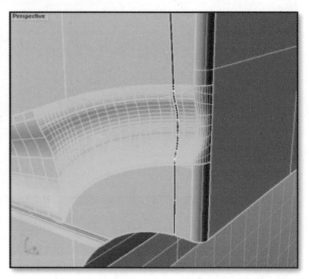

图 6-1-120

Step24：在 Perspective 视图中，用 Zoom Window（框选缩放）将如图 6-1-121 所示范围放大，如图 6-1-122 所示。

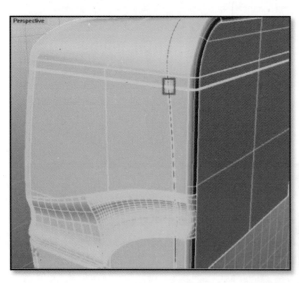

图 6-1-121

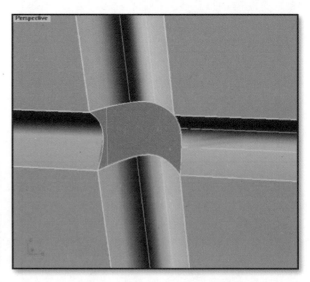

图 6-1-122

Step25：在 Perspective 视图中，用 Surface from 2，3 or 4 Edge（以二、三或四个边缘曲线建立曲面）建立如图 6-1-123 所示曲面。

Step26：在 Perspective 视图中选中如图 6-1-124 所示曲面，在 Right 视图中，用 Mirror（镜像）命令将所选中的曲面镜像到如图 6-1-125 所示位置，注意在选择镜像平面 Mid（中点）的时候锁定 Mid（中点）。

Step27：在 Front 视图中，用 Control Point Curve ⬚（控制点曲线）在如图 6-1-126 所示位置建立曲线。

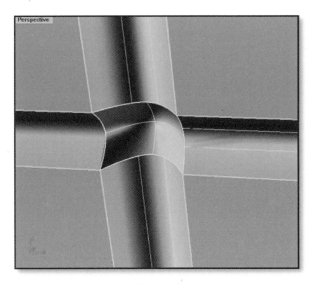

图 6-1-123

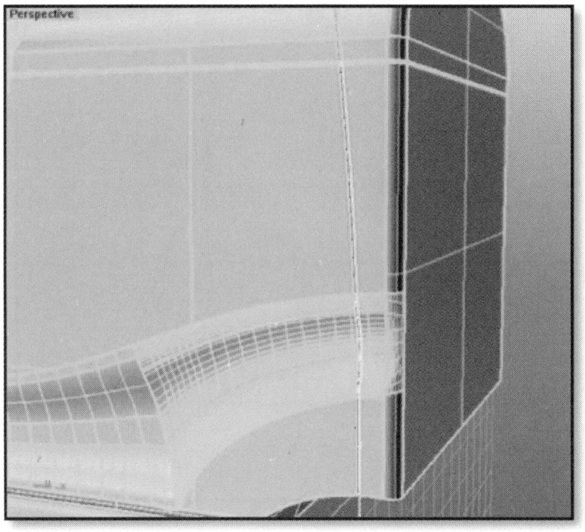

图 6-1-124

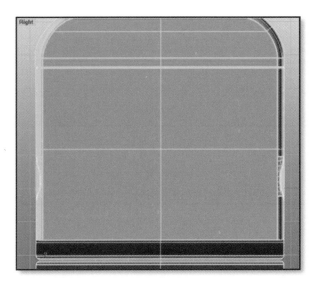

图 6-1-125

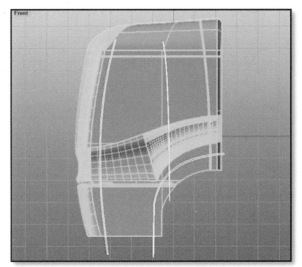

图 6-1-126

Step28：在 Front 视图中，用 Hide Objects 💡（隐藏物件）将腰线以下的部分隐藏，如图 6-1-127 所示。

Step29：在 Front 视图中，用 Trim 🔧（修剪）命令，以所建立的曲线为 Cutting Objects（切割用物件），对曲面进行如图所示的修剪。然后将这些曲线改变到一个新的图层中，将这个图层命名为 line1，并且将这个图层隐藏，如图 6-1-128 所示。

Step30：在 Perspective 视图中，连续用 Control Point Curve ⬚（控制点曲线）、Rebuild 🐾（重建）、Sweep 2 Rails ◨（双轨扫掠）命令和以 Surface from 2，3 or 4 Edge ▦（二、三或四个边缘曲线建立曲面）建立如图 6-1-129 所示曲面。

Step31：在 Perspective 视图中选中上一步所建立的曲面，在 Right 视图中，用 Mirror 🔩（镜像）命令将所选中的曲面镜像到如图 6-1-130 所示位置，注意在选择镜像平面 Mid（中点）的时候锁定 Mid（中点）。

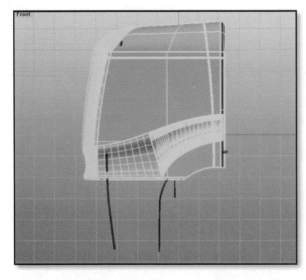

图 6-1-127

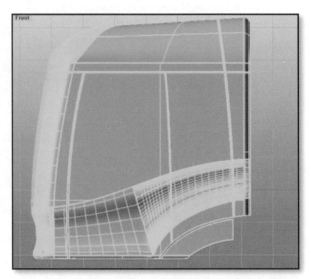

图 6-1-128`

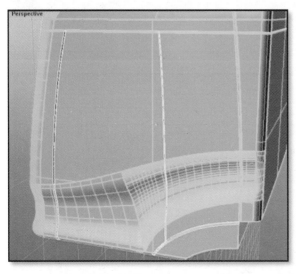

图 6-1-129

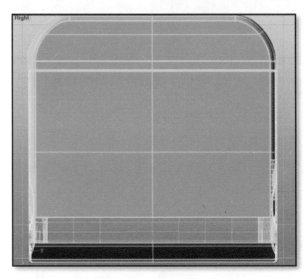

图 6-1-130

3. 车身前脸曲面凹线搭建

Step1：将 Right 视图转换为 Left 视图，在 Left 视图中，用 Control Point Curve（控制点曲线）在如图 6-1-131 所示位置建立曲线。

Step2：在 Left 视图中，用 Trim（修剪）命令，以所建立的曲线为 Cutting Objects（切割用物件），对曲面进行如图 6-1-132 所示的修剪。然后将这些曲线改变到一个新的图层中，将这个图层命名为 line2，并且将这个图层隐藏。

Step3：在 Perspective 视图中，连续用 Control Point Curve（控制点曲线）、Rebuild（重建）、Sweep 2 Rails（双轨扫掠）命令和 Surface from 2,

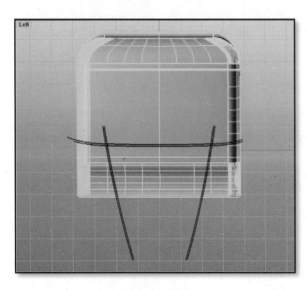

图 6-1-131

3 or 4 Edge ▦（以二、三或四个边缘曲线建立曲面）建立如图 6-1-133 所示的曲面。

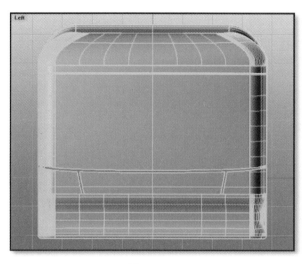

图 6-1-132

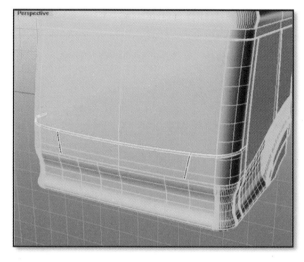

图 6-1-133

Step4：在 Perspective 视图中，连续用 Sweep 2 Rails ▨（双轨扫掠）命令，建立如图 6-1-134 所示曲面。

Step5：在 Perspective 视图中，用 Show Objects ▨（显示物件）显示隐藏的物件，车壳的细节被调整完毕，如图 6-1-135 所示。

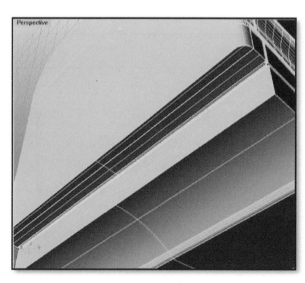

图 6-1-134

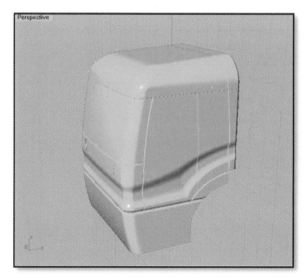

图 6-1-135

6.1.2　卡车头细节制作

6.1.2.1　车窗

1.挡风玻璃

Step1：在 Left 视图中，用 Rounded Rectangle ▨（圆角矩形）在如图 6-1-136 所示位置建立一个圆角矩形。注意要以整个车壳的对称轴为对称。

Step2：在 Left 视图中，用 Split ▨（分割）命令，选取如图 6-1-137 所示的部分为要分割的物件，以上一步所建立的 Rounded Rectangle （圆角矩形）为 Cutting Objects（切割用物件），对曲面进行分割，然后将曲线删除。

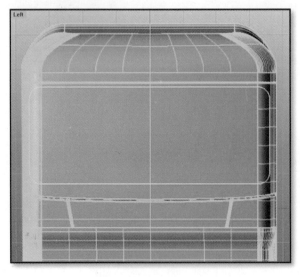
图 6-1-136

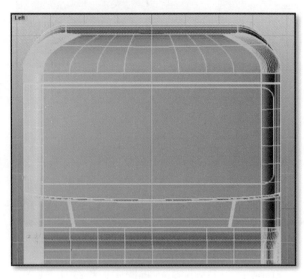
图 6-1-137

Step3：在 Left 视图中，用 Join（组合）将如图 6-1-138 所示的部分进行组合。

Step4：在 Left 视图中，用 Invert Select and Hide Objects（隐藏未选取的物件）隐藏其他物件，如图 6-1-139 所示。

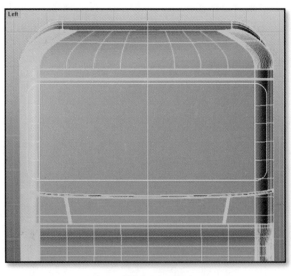
图 6-1-138

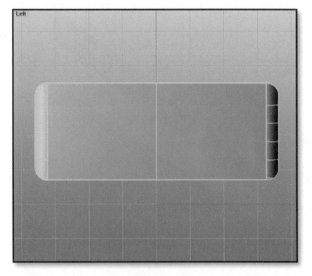
图 6-1-139

Step5：在 Top 视图中，用 Extrude Surface（挤出曲面）给玻璃增加厚度，如图 6-1-140 所示。注意方向（Direction）自定义水平向右，两侧＝否（BothSides=No），加盖＝是（Cap=Yes），删除输入物体＝否（DeleteInput=No），不选择至边界（ToBoundary）。

Step6：在 Perspective 视图中，用 Explode（炸开）将所显示的物体炸开，然后将如图 6-1-141 所示选中的部分进行复制和粘贴，并将被复制的部分进行 Hide Objects（隐藏），最后将显示的部分再次用 Join（组合）进行组合。

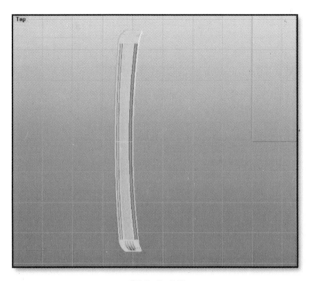

图 6-1-140

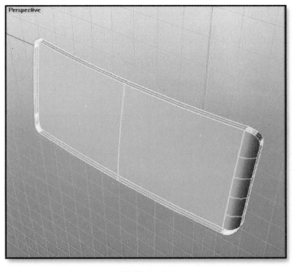

图 6-1-141

Step7：在 Perspective 视图中，用 Variable Radius Fillet 🔲（不等距边缘圆角）在所显示物体的四周建立边缘圆角，如图 6-1-142 所示。注意半径 = 25.000（Radius = 25.000），连接控制杆 = 否（LinkHandles=No），路径造型 = 滚球（RailType=RollingBall）。

Step8：在 Perspective 视图中，将所显示的物件移动到新的图层，将新图层命名为 1，图层颜色设置为白色，如图 6-1-143 所示。

Step9：在 Left 视图中，用 Polyline 🔺（多重直线）在如图 6-1-144 所示的位置建立一条直线，并用这条直线将所显示的物件分割。

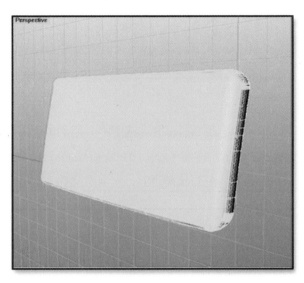

图 6-1-142

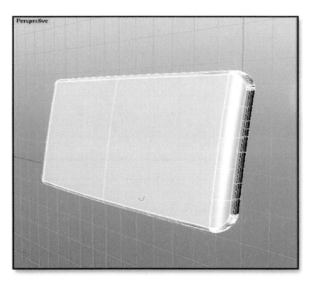

图 6-1-143

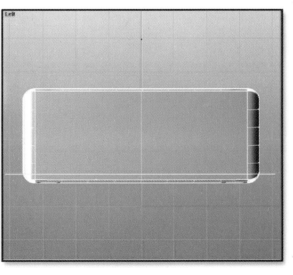

图 6-1-144

Step10：在 Left 视图中，将直线删除，然后将挡风玻璃的下半部分移动到新的图层，将图层命名为 2，图层颜色设置为深灰色，如图 6-1-145 所示。

Step11：在 Perspective 视图中，将图层 1 和 2 隐藏，用 Show Objects 🔆（显示物件）显示其他物件，如图 6-1-146 所示。

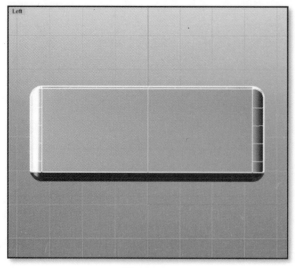

图 6-1-145

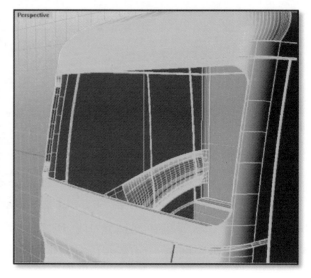

图 6-1-146

Step12：在 Perspective 视图中，用 Fillet Surface 🔩（曲面圆角）在挡风玻璃框四周建立圆角，如图 6-1-147 所示。注意半径 =10.000（Radius=10.000），延伸 = 是（Extend=Yes），修剪 = 是（Trim=Yes）。

Step13：在 Left 视图中，显示图层 line2，如图 6-1-148 所示。

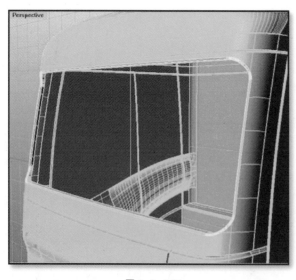

图 6-1-147

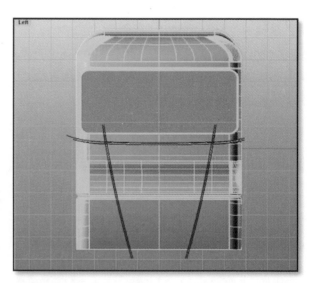

图 6-1-148

Step14：在 Left 视图中，用 Trim 🔧（修剪）命令，以曲线为切割用物件（Cutting Objects），对曲面进行如图 6-1-149 所示修剪，然后再次将图层 line1 隐藏。

Step15：在 Left 视图中，连续用 Sweep 2 Rails 🔧（双轨扫掠）命令和以 Surface from 2，3 or 4 Edge 🔧（二、三或四个边缘曲线建立曲面）建立如图 6-1-150 所示曲面。

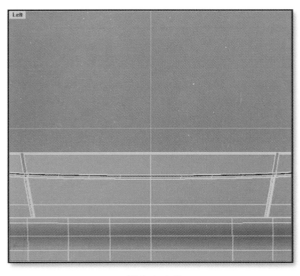
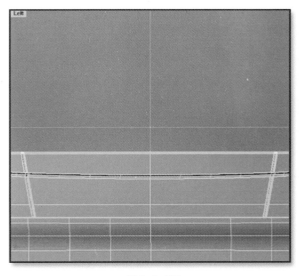

图 6-1-149　　　　　　　　　　　　　　　　图 6-1-150

2. 车门车窗

Step1：在 Front 视图中，显示图层 line1，如图 6-1-151 所示。

Step2：在 Front 视图中，用 Control Point Curve ▱（控制点曲线）在如图 6-1-152 所示位置建立曲线，并把曲线移动到图层 line1。

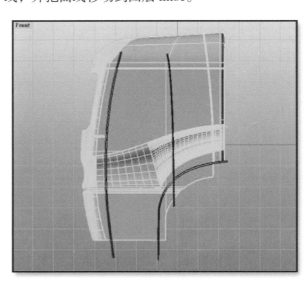

图 6-1-151　　　　　　　　　　　　　　　　图 6-1-152

Step3：在 Front 视图中，用 Trim ▱（修剪）命令对曲面进行如图 6-1-153 所示的裁剪，然后将图层 line1 隐藏。

Step4：在 Perspective 视图中，连续用 Control Point Curve ▱（控制点曲线）、Rebuild ▱（重建）、Control Points On ▱（开启控制点）、Sweep 2 Rails ▱（双轨扫掠）和二、三或四个边缘曲线建立曲面建立如图 6-1-154 所示曲面。

Step5：在 Top 视图中，将上一步所建立的曲面用 Mirror ▱（镜像）命令镜像到车皮另一边，如图 6-1-155 所示。

Step6：在 Front 视图中，用 Control Point Curve ▱（控制点曲线）和 Fillet Curves ▱（曲线圆角）

在如图6-1-156所示位置建立曲线。

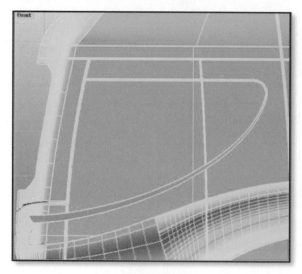

图 6-1-153

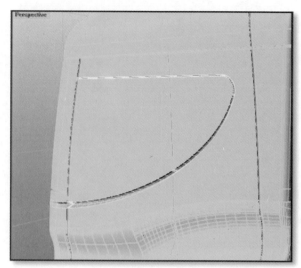

图 6-1-154

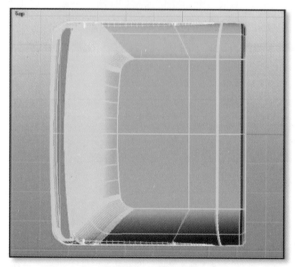

图 6-1-155

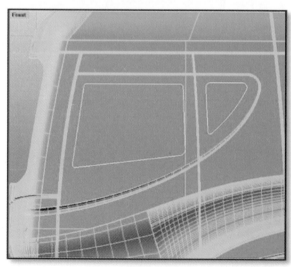

图 6-1-156

Step7：在 Front 视图中，用上一步中建立的曲线将曲面分割，然后将曲线移动到图层 line1。用 Invert Select and Hide Objects 👣（隐藏未选取的物件）只显示分割出来的部分，如图 6-1-157 所示。

Step8：在 Top 视图中，用 Extrude Surface 📄（挤出曲面）给玻璃增加厚度。注意方向（Direction）自定义垂直向上，如图 6-1-158 所示。两侧＝否（BothSides=No），加盖＝是（Cap=Yes），删除输入物体＝否（DeleteInput=No），不选择至边界（ToBoundary）。

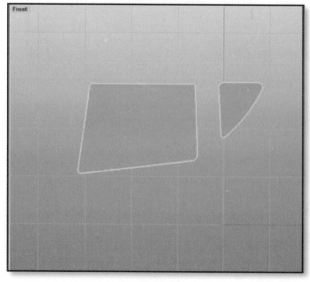

图 6-1-157

　　Step9：在 Perspective 视图中，用 Explode（炸开）将所显示的物体炸开，然后将如图 6-1-159 所示选中的部分进行复制和粘贴，并将被复制的部分进行隐藏，最后将显示的部分再次用 Join （组合）进行组合。

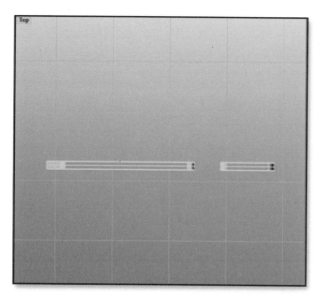

图 6-1-158

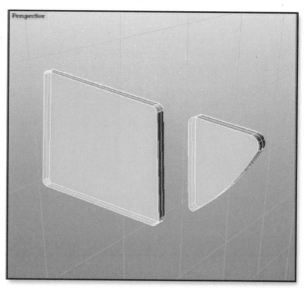

图 6-1-159

　　Step10：在 Perspective 视图中，用 Variable Radius Fillet 🎲（不等距边缘圆角）在所显示物体的四周建立边缘圆角，如图 6-1-160 所示。注意半径选择 15 连接控制杆＝否 路径造型＝滚球。如果半径太大，则锐角的部分难以建立圆角。

　　Step11：在 Perspective 视图中，将所显示的物件移动到图层 1，如图 6-1-161 所示。

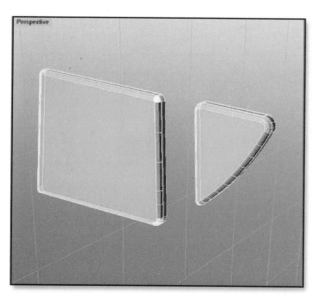

图 6-1-160

图 6-1-161

　　Step12：在 Perspective 视图中，将图层 1 隐藏，用 Show Objects 💡（显示物件）显示其他物件，如图 6-1-162 所示。

Step13：在 Perspective 视图中，用 Fillet Surface 🐝（曲面圆角）在挡风玻璃框四周建立圆角，如图 6-1-163 所示。注意半径 =10.000（Radius=10.000），延伸 = 是（Extend=Yes），修剪 = 是 🛠（Trim=Yse）。

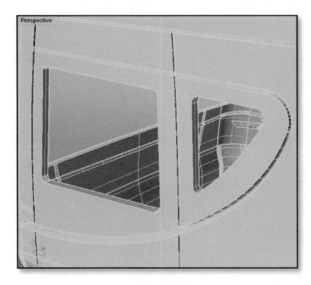

图 6-1-162

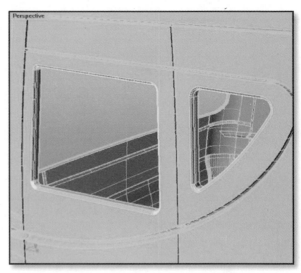

图 6-1-163

Step14：在 Perspective 视图中，将选中的部分移动到图层 2，如图 6-1-164 所示。

Step15：在 Perspective 视图中，将车皮另一侧的车窗部分删除，并在 Top 视图中将前几步所建立的车窗用 Mirror 🔠（镜像）命令镜像到车皮另一边，如图 6-1-165 所示。

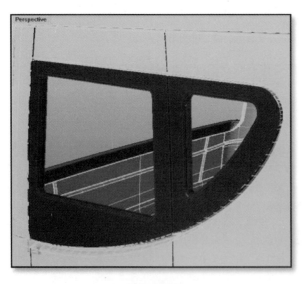

图 6-1-164

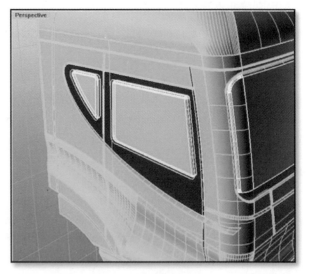

图 6-1-165

3. 车窗细节完善

Step1：在 Left 视图中，锁定 Mid（中点）用 Rectangular：Corner to Corner ▢（矩形平面：角对角）在如图 6-1-166 所示位置建立一个矩形平面。

Step2：用 Invert Select and Hide Objects 🌱（隐藏未选取的物件）隐藏其他物件，在 Left 视图中，用 Rebuild Surface 🖼（重建曲面）对曲面进行重建，如图 6-1-167 所示。

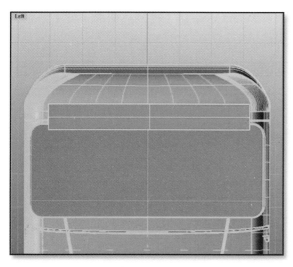

图 6-1-166

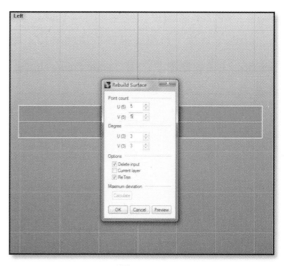

图 6-1-167

Step3：在各个视图中，用 Control Points On （开启控制点）对曲面进行调节，如图 6-1-168 ~图 6-1-171 所示。

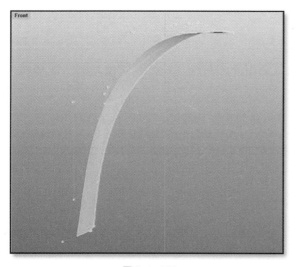

图 6-1-168

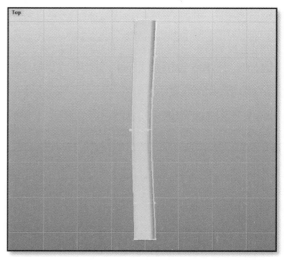

图 6-1-169

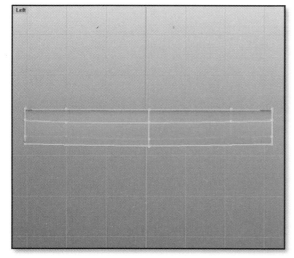

图 6-1-170

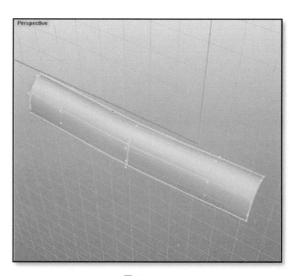

图 6-1-171

Step4： 在 Top 视图中，锁定端点（End），用 Control Point Curve ▣（控制点曲线）建立一条曲线，用 Rebuild ▦（重建）对曲线进行重建如图 6-1-172 所示。

Step5： 在 Top 视图中，用 Control Points On ➚（开启控制点）对曲线进行调节，如图 6-1-173 所示。

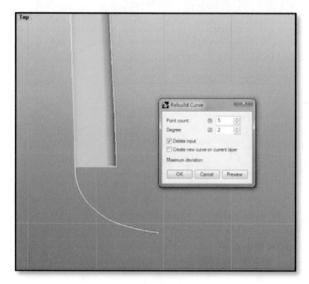
图 6-1-172

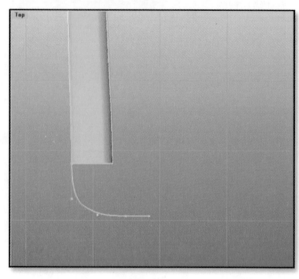
图 6-1-173

Step6： 在 Top 视图和 Front 视图中，复制并粘贴复制出来的曲线，并把复制出来的曲线移动到如图 6-1-174 所示的位置。

Step7： 在 Top 视图中，用 Scale 1-D ▣（单轴放缩）对曲线进行放缩，如图 6-1-175 所示。

图 6-1-174

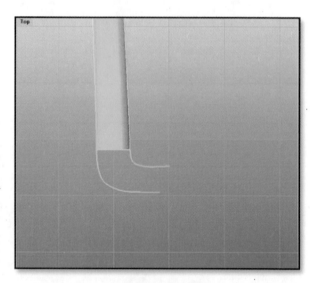
图 6-1-175

Step8： 在 Perspective 视图中，用 Sweep 2 Rails ▣（双轨扫掠）命令建立如图 6-1-176 所示曲面。

Step9： 在 Left 视图中，用 Mirror ▦（镜像）命令将上一步建立的曲面镜像到另一边，如图 6-1-177 所示。

Step10： 在 Top 视图中，将所有曲面进行复制并且粘贴，将复制出来的曲面用 Scale 3-D ▦（三轴放缩）命令进行缩小。注意选取基点（Origin Point）和第一参考点（First Reference Point）时要选在 Mid（中点）的正交上，如图 6-1-178 所示。

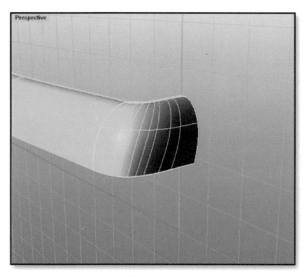

图 6-1-176

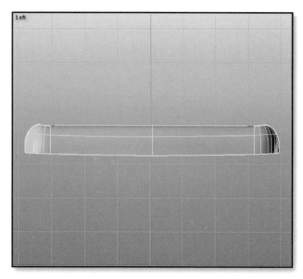

图 6-1-177

Step11： 在 Perspective 视 图 中， 用 Blend Surface（混接曲面）对两曲面进行混接，如图 6-1-179 所示。

Step12： 在 Perspective 视 图 中， 用 Sweep 2 Rails（双轨扫掠）命令建立如图 6-1-180 所示曲面。

Step13： 在 Front 视 图 中， 用 Control Point Curve（控制点曲线）在如图 6-1-181 所示位置建立曲线，注意锁定最近点（Near）。

Step14： 在 Front 视 图 中， 用 Trim（修剪）命令，以曲线为 Cutting Objects（切割用物体），对曲面进行修剪，如图 6-1-182 所示。

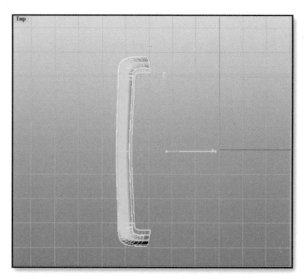

图 6-1-178

图 6-1-179

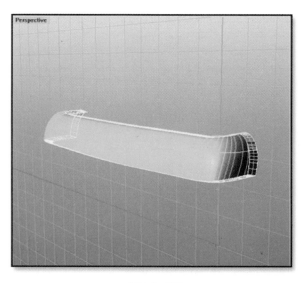

图 6-1-180

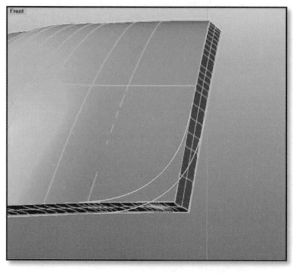

图 6-1-181

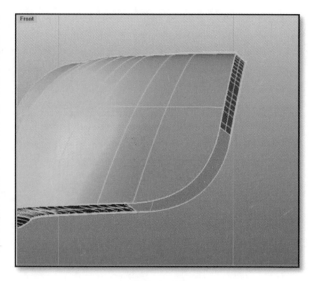

图 6-1-182

Step15：在 Perspective 视图中，连续用 Sweep 2 Rails ⚙（双轨扫掠）命令建立如图 6-1-183 所示曲面。

Step16：将所有曲面改变到图层 2，卡车车皮车窗部分建立完毕，如图 6-1-184 所示。

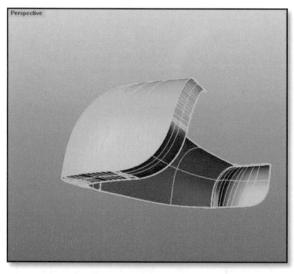

图 6-1-183

图 6-1-184

6.1.2.2 车门把手

1. 把手底座

Step1：在 Front 视图中，用 Control Point Curve ⬚（控制点曲线）和 Fillet Curves ⬑（曲线圆角）在如图 6-1-185 所示位置建立曲线。

Step2：在 Front 视图中，用 Invert Select and Hide Objects ⚿（隐藏未选取的物件）将除了曲线以外的物件隐藏，如图 6-1-186 所示。

Step3：在 Top 视图中用 Rotate 2-D ⬙（2D 旋转），在 Left 视图中用 Bend ⤸（弯曲）将曲线调整成为如图 6-1-187 ～图 6-1-190 所示的形状。注意选择弯曲通过点（Point to Bend Through）时，复制 = 否（Copy=No），刚体 = 否（Rigid=No），限制于骨干 = 否（LimitToSpine=No），对称 = 否（Symmetric=No），维

持结构 = 否（PreserveStructure=No）。

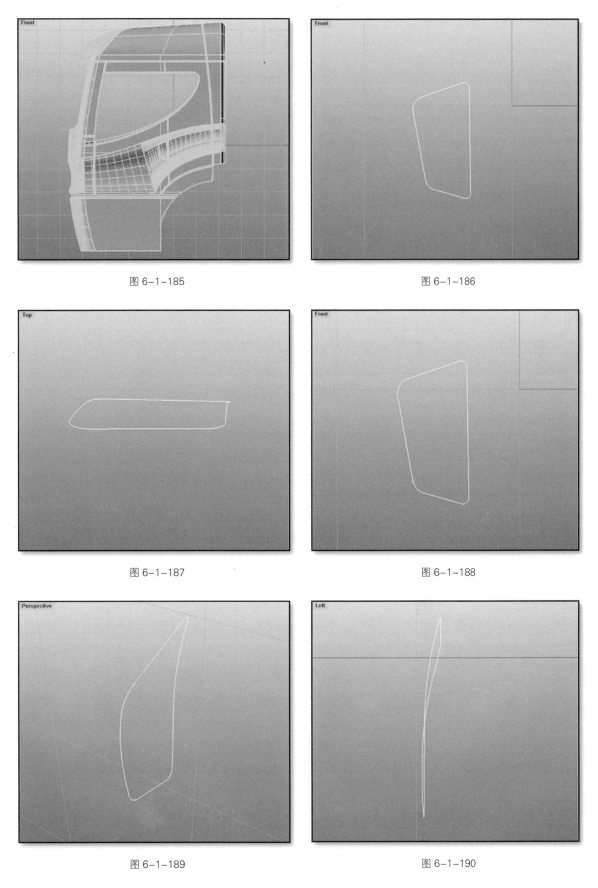

图 6-1-185

图 6-1-186

图 6-1-187

图 6-1-188

图 6-1-189

图 6-1-190

Step4：在 Perspective 视图中，用 Patch 🖿（嵌面）命令，以 Curves and Points to Fit Surface Though（曲线为曲面要逼近的曲线或点）进行嵌面，如图 6-1-191 所示。

Step5：在 Top 视图中，用 Extrude Surface 🖿（挤出曲面）对曲面进行加厚，如图 6-1-192 所示。注意方向（Direcxton）选择垂直向上，两侧 = 否（BothSides=No），加盖 = 是（Cap=Yes），删除输入物体 = 否（DeleteInput=No）。

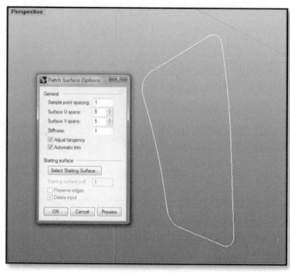

图 6-1-191

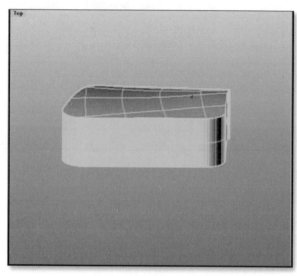

图 6-1-192

Step6：在 Perspective 视图中，用 Variable Radius Fillet 🖿（不等距边缘圆角）在曲面周围建立圆角，如图 6-1-193 所示。

2. 把手曲面

Step1：在 Front 视图中，用曲线和 Fillet Curves 🖿（曲线圆角）在如图 6-1-194 所示位置建立曲线。

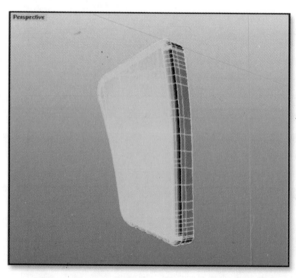

图 6-1-193

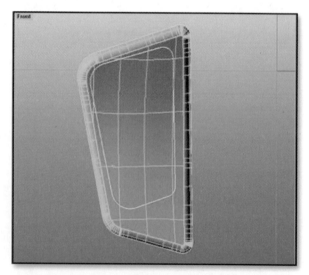

图 6-1-194

Step2：在 Front 视图中，用 Split 🖿（分割）命令，以曲线为 Cutting Objects（切割用物件）对曲面进行分割，如图 6-1-195 所示。

Step3：在 Front 视图中，用 Control Point Curve 🖿（控制点曲线）和曲线圆角建立如图 6-1-196 所示曲线。

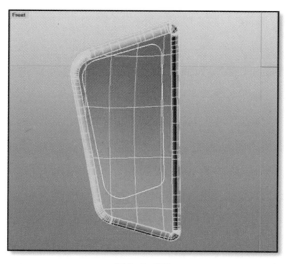

图 6-1-195

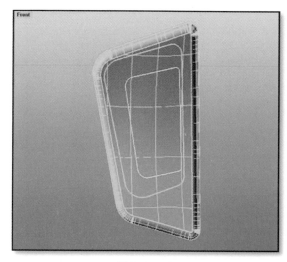

图 6-1-196

Step4：在 Top 视图中和 Left 视图中，用 Rotate 2-D ![icon]（2D 旋转）和 Bend ![icon]（弯曲）将曲线调整到如图 6-1-197 ～图 6-1-200 所示的形状和位置。

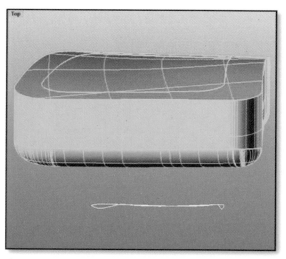

图 6-1-197

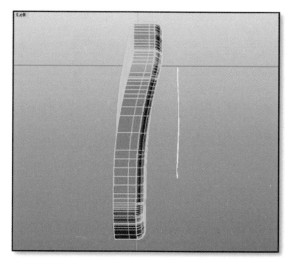

图 6-1-198

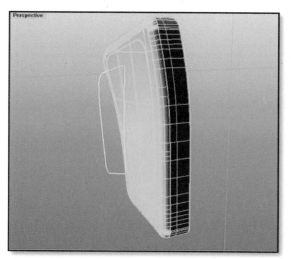

图 6-1-199

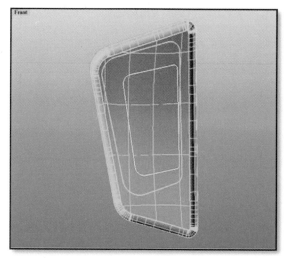

图 6-1-200

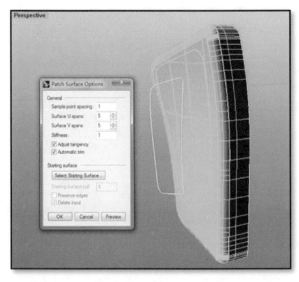

图 6-1-201

Step5：在 Perspective 视 图 中， 用 Patch（嵌 面）命 令， 以 Curves and Points to Fit Surface Though（曲线为曲面要逼近的曲线或点）进行嵌面，如图 6-1-201 所示。

Step6：在 Perspective 视图中，用 Blend Surface（混接曲面）对两曲面进行混接，如图 6-1-202 所示。

Step7：在 Front 视图中，用 Polyline（多重直线）在如图 6-1-203 所示位置建立直线。

Step8：在 Front 视图中，用 Trim（修剪）命令，以直线为 Cutting Objects（切割用物件）对曲面进行裁剪，然后将直线删除，如图 6-1-204 所示。

Step9：在 Perspective 视图中，用 Invert Select and Hide Objects（隐藏未选取的物件）将其他物件隐藏，如图 6-1-205 所示。

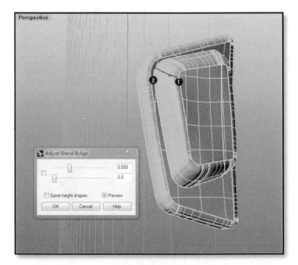

图 6-1-202

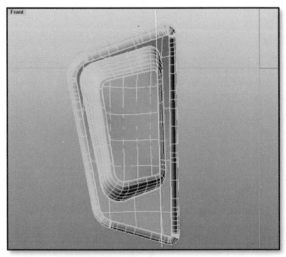

图 6-1-203

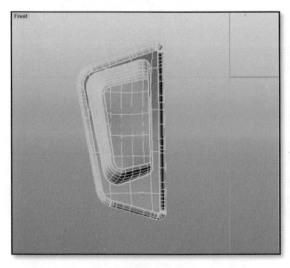

图 6-1-204

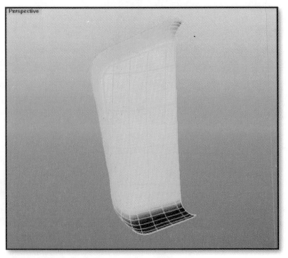

图 6-1-205

Step10：在 Perspective 视图中，将显示的所有物件进行复制和粘贴，然后用 Scale 3-D （三轴放缩）将复制出来的物件缩小，如图 6-1-206 和图 6-1-207 所示。注意放缩时 Origin Point（基点）选在 End（端点）的正交上。

图 6-1-206

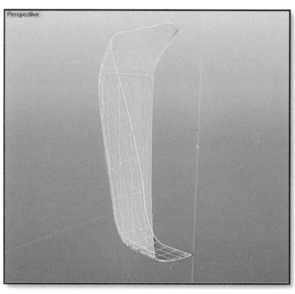

图 6-1-207

Step11：在 Perspective 视图中，用 Split Edge （分割边缘）对如图 6-1-208 和图 6-1-209 所示的边缘进行分割。

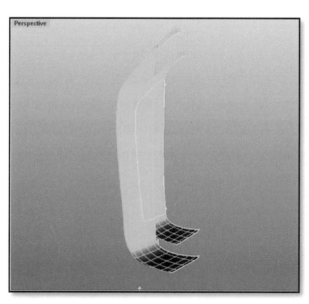

图 6-1-208

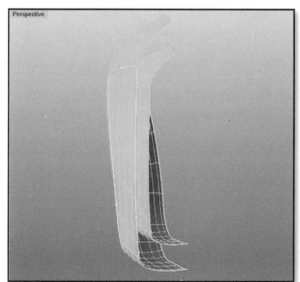

图 6-1-209

Step12：在 Perspective 视图中，用 Blend Surface （混接曲面）对两曲面进行混接，如图 6-1-210 所示。

Step13：在 Perspective 视图中，用 Sweep 2 Rails （双轨扫掠）命令建立如图 6-1-211 所示曲面。

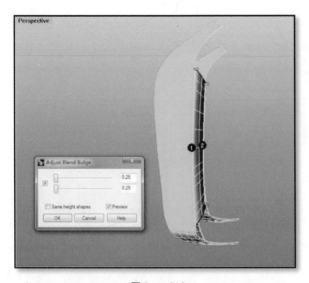

图 6-1-210

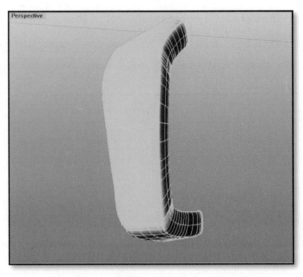

图 6-1-211

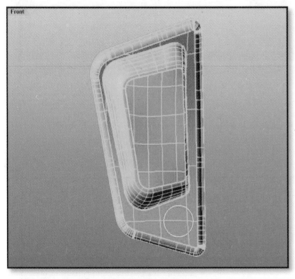

图 6-1-212

3. 车门锁

Step1：在 Front 视图中，用显示物体把隐藏的物件显示出来。在如图 6-1-212 所示的位置用圆：中心点、半径建立一条曲线。

Step2：在 Front 视图中，用上一步建立的曲线对曲面进行分割，然后将分割出来的物件隐藏，如图 6-1-213 所示。

Step3：在 Perspective 视图中，用 Blend Surface ✍（混接曲面）将两曲面混接，如图 6-1-214 所示。

Step4：在 Perspective 视图中，用 Swap Hidden and Visible Objects 👣（对调隐藏与显示的物件）将刚才被隐藏的物件显示出来，如图 6-1-215 所示。

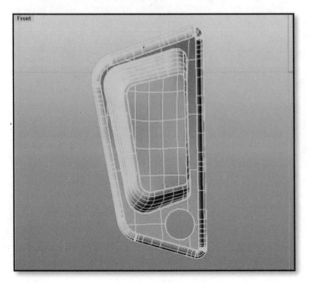

图 6-1-213

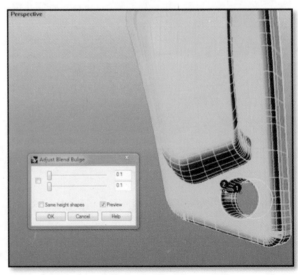

图 6-1-214

Step5：在 Front 视图中，用 Scale 2-D （二轴放缩）将所显示的物件缩小，如图 6-1-216 和图 6-1-217 所示。注意选取 Origin Point（基点）时要锁定 Quad（四分点），然后选在两个 Quad（四分点）的正交上，以保证 Origin Point（基点）取在圆心上。

Step6：在 Perspective 视图中，用 Blend Surface （混接曲面）对两曲面进行混接，如图 6-1-218 所示。

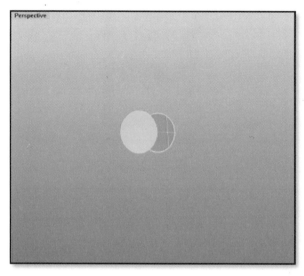

图 6-1-215

图 6-1-216

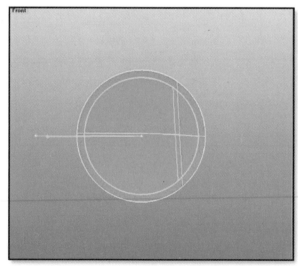

图 6-1-217

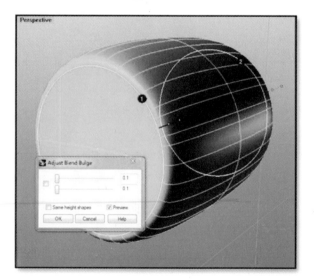

图 6-1-218

Step7：在 Perspective 视图中，把所显示的物件移动到图层 1 中，如图 6-1-219 所示。

Step8：在 Perspective 视图中，将其他物件显示出来并且移动到图层 2 中，车门把手建立完毕，如图 6-1-220 所示。

Step9：在各个视图中，将车皮的其他部分显示出来，将车门把手移动到合适的位置，如图 6-1-221 所示。

Step10：在 Top 视图中，用 Mirror （镜像）命令将车门把手镜像到车皮另一边，如图 6-1-222 所示。

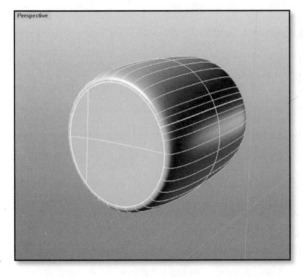

图 6-1-219

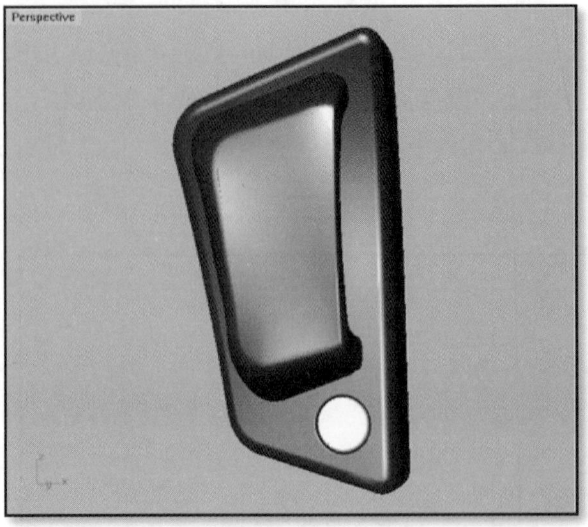

图 6-1-220

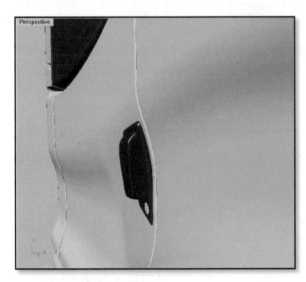

图 6-1-221

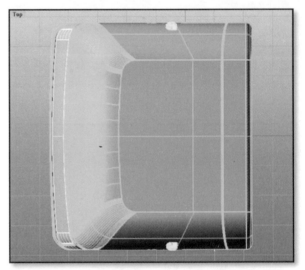

图 6-1-222

6.1.2.3 卡车前脸格栅

1. 上半部分格栅结构

Step1：在 Left 视图中，显示图层 line2，把图层 line2 中的部分曲线删除。用 Polyline （多重直线）建立如图 6-1-223 所示直线，注意建立直线时锁定最近点，将所建立的直线移动到图层 line2。

Step2：在 Left 视图中，将如图 6-1-224 所示的曲线复制并且粘贴，将复制出来的曲线用 Hide Objects （隐藏物件）隐藏。

Step3：在 Left 视图中，用 Fillet Curves （曲线圆角）在如图 6-1-225 所示位置建立圆角，注意半径 =40.000（Radius=40.000）。

Step4：在 Left 视图中，用 Fillet Curves （曲线圆角）在如图 6-1-226 所示位置建立圆角，注意半径 =60.000，组合 = 否，修剪 = 是，圆弧延伸方式 = 圆弧，然后将如图 6-1-226 所示选中的曲线进行组合。

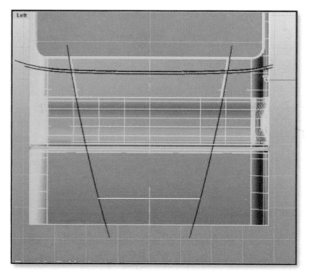

图 6-1-223

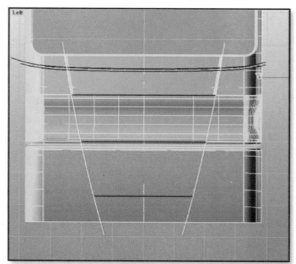

图 6-1-224

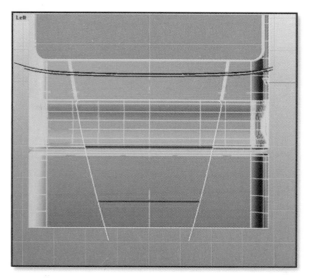

图 6-1-225

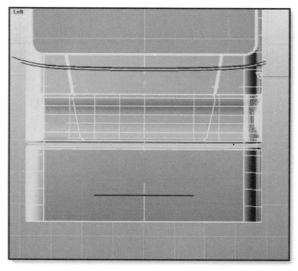

图 6-1-226

Step5：在 Left 视 图 中，用 Show Objects 💡
（显示物件）将所隐藏的曲线显示出来，然后用
Fillet Curves 🗈（曲线圆角）在如图 6-1-227 所示
位置建立圆角。

Step6：在 Left 视图中，将如图 6-1-228 所选中
的曲线进行复制并且粘贴，将复制出来的曲线连续
用 Scale 1-D 🗈（单轴放缩）缩小到如图 6-1-228 所
示的大小和位置。注意选择 Origin point（基点）时
锁定 Mid（中点），选择 First Reference Point（第一参
考点）时要按下 Shift 键以保证是水平或垂直方向。

Step7：在 Left 视 图 中，将 如 图 6-1-229 所
选中的曲线进行复制并且粘贴，将复制出来的曲

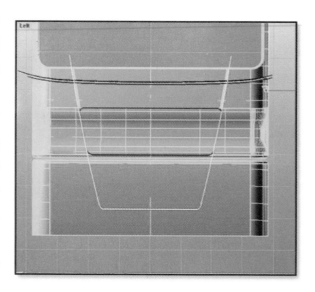

图 6-1-227

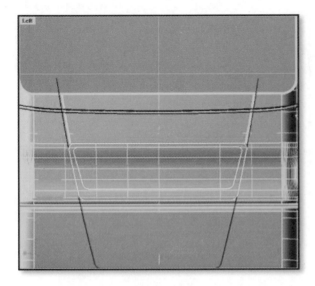

图 6-1-228

线连续用 Scale 1-D ▦（单轴放缩）缩小到如图 6-1-229 所示的大小和位置。注意选择 Origin point（基点）时锁定 Mid（中点），选择 First Reference Point（第一参考点）时要按下 Shift 键以保证是水平或垂直方向。

Step8：在 Left 视图中，用 Hide Objects ⬤（隐藏）将部分物件隐藏，然后用 Trim ▦（修剪）命令，以如图 6-1-230 所示的曲线为 Cutting Objects（切割用物件），对曲面进行修剪。

Step9：在 Left 视图中，选中如图 6-1-231 和图 6-1-232 所示曲面，在 Front 视图中将所选取的曲面平移到如图 6-1-232 所示的位置。

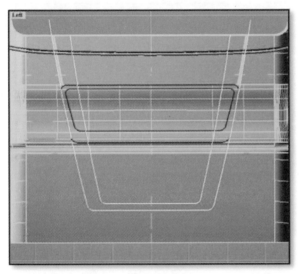

图 6-1-229

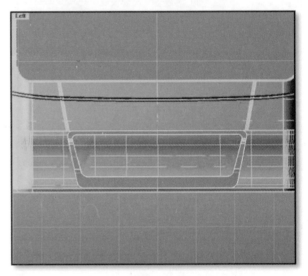

图 6-1-230

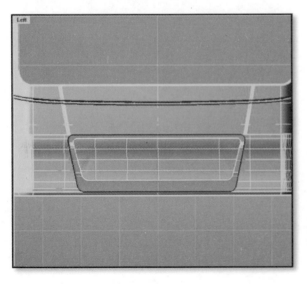

图 6-1-231

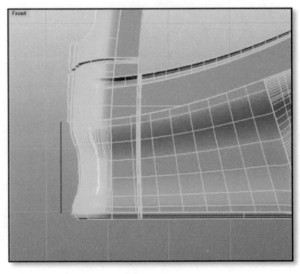

图 6-1-232

Step10：在 Left 视图中，隐藏图层 line2，用 Split ⬜（分割）和 Split Edge（边缘）将如图 6-1-233 所示曲面边缘进行分割。

Step11：在 Perspective 视图中，用 Blend Surface ⬙（混接曲面）对如图 6-1-234 所示的两曲面进行混接。

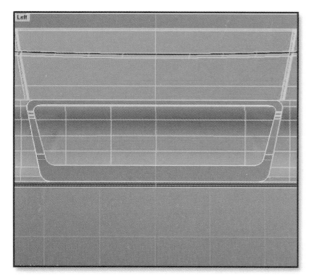

图 6-1-233

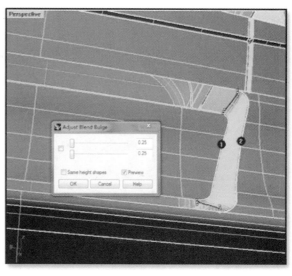

图 6-1-234

Step12：在 Perspective 视图中，用 Sweep 2 Rails ⬚（双轨扫掠）命令建立如图 6-1-235 所示曲面。

Step13：在 Left 视图中，用 Trim ⬚（修剪）、Split Edge（分割边缘）、以 Surface from 2，3 or 4 Edge ⬚ （二、三或四个边缘曲线建立曲面）等命令建立如图 6-1-236 所示曲面，在车壳另一边也进行同样的修补。

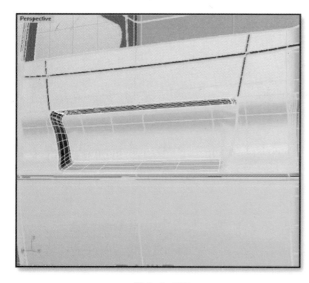

图 6-1-235

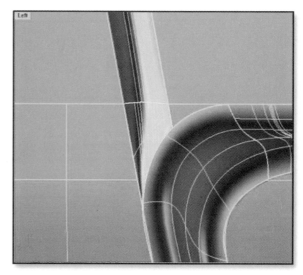

图 6-1-236

2. 下半部分格栅结构

Step1：在 Left 视图中，用 Hide Objects ⬚（隐藏）将部分物件隐藏，然后用 Trim ⬚（修剪）命令，以如图 6-1-237 所示的曲线为 Cutting Objects（切割用物件），对曲面进行修剪。

Step2：在 Left 视图中，选中如图 6-1-238 所示曲面，在 Front 视图中将所选取的曲面平移到如图 6-1-239 所示的位置。

Step3：在 Perspective 视图中，用 Blend Surface 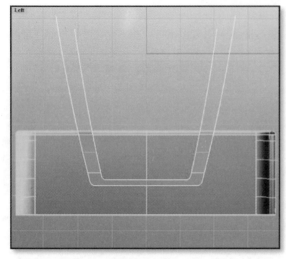（混接曲面）对如图 6-1-240 所示的两曲面进行混接。

图 6-1-237

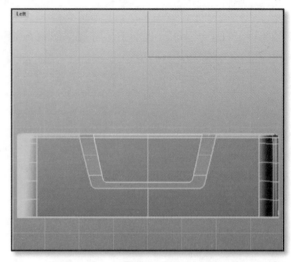

图 6-1-238

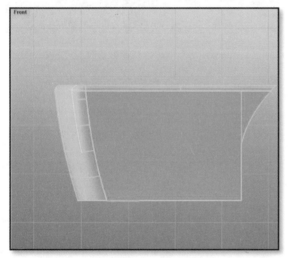

图 6-1-239

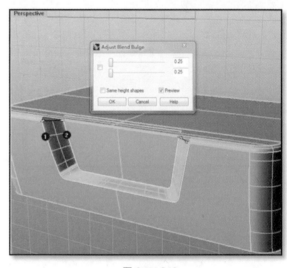

图 6-1-240

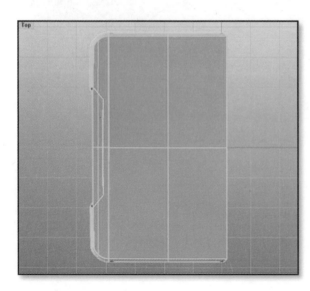

图 6-1-241

Step4：在 Top 视图中，锁定 End（端点），用 Polyline（多重直线）在如图 6-1-241 所示位置建立直线。

Step5：在 Top 视图中，用 Trim（修剪）命令，用如图 6-1-242 所示的直线对曲面进行修剪。

Step6：在 Perspective 视图中，用 Surface from 2，3 or 4 Edge（以二、三或四个边缘曲线建立曲面）在如图 6-1-243 所示位置建立曲面。

Step7：在 Left 视图中，Mid（中点）用 Rectangular：Corner to Corner（矩形平面：角对角）建立如图 6-1-244 所示曲面。

Step8：在 Top 视图中，用 Invert Select and Hide

Objects（隐藏未选取的物件）隐藏其他物件，然后用 Extrude Surface（挤出曲面）建立如图6-1-245 所示曲面。

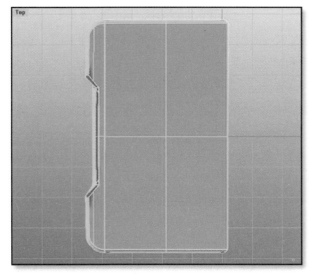

图 6-1-242

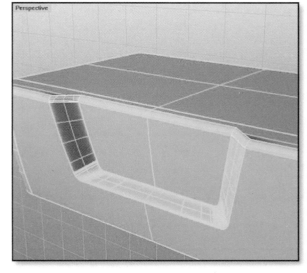

图 6-1-243

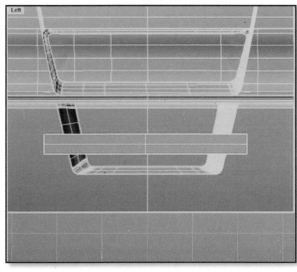

图 6-1-244

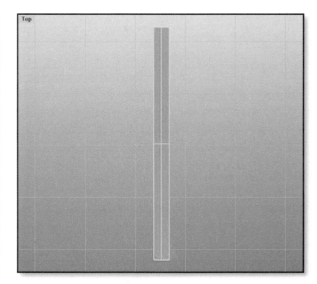

图 6-1-245

Step9：在 Perspective 视图中，用 Variable Radius Fillet（不等距边缘圆角）建立如图 6-1-246 所示圆角，注意半径选择 20。

Step10：在 Front 视图中，将选取的物件平移到如图 6-1-247 所示的位置。

Step11：在 Front 视图中，用 Rotate 2-D（2D 旋转）将选取的物件进行旋转，如图 6-1-248 所示。

Step12：在 Left 视图中，将如图 6-1-249 所示的多重曲面进行复制并且粘贴，将复制出来的多重曲面平移到如图 6-1-249 所示的位置。

Step13：在 Front 视图中，用 Scale 1-D（单轴放缩）将多重曲面缩小，并把多重曲面移动到合适的位置，如图 6-1-250 和图 6-1-251 所示。

图 6-1-246

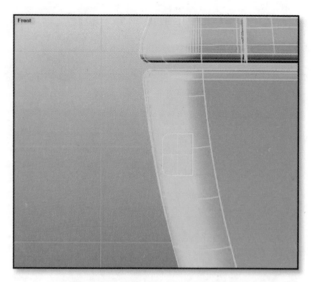

图 6-1-247

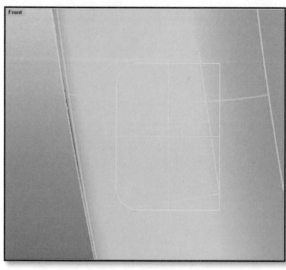

图 6-1-248

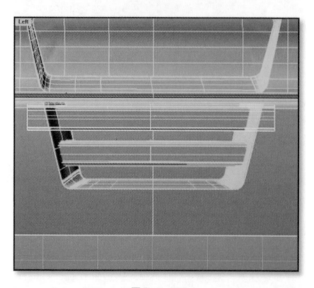

图 6-1-249

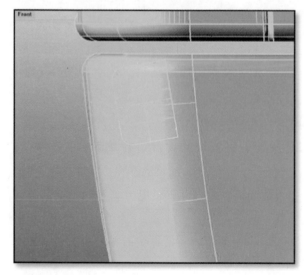

图 6-1-250

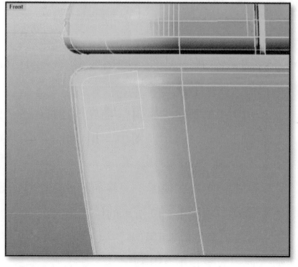

图 6-1-251

3. 格栅

Step1：在 Left 视图中，在空白处 Mid（中点）用 Rectangular：Corner to Corner □（矩形平面：角对角）建立一个平面，然后用多边形：中心点、半径建立一个六边形，如图 6-1-252 所示。注意边数 =6。

Step2：在 Left 视图中，用 Rotate 2-D □（2D旋转）和单轴缩放等命令对六边形进行调节，如图 6-1-253 和图 6-1-254 所示。

Step3：在 Left 视图中，将六边形平移到合适的位置，进行复制和粘贴，将复制出来的六边形移动到如图 6-1-255 所示的位置。

Step4：在 Left 视图中，用 Trim □（修剪）命令，以六边形为 Cutting Objects（切割用物件）对曲面进行修剪，如图 6-1-256 所示。

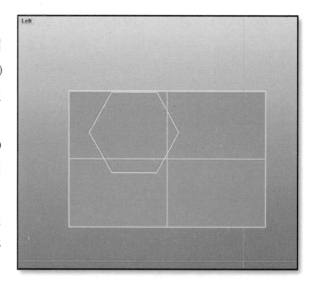

图 6-1-252

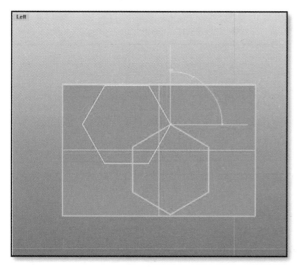

图 6-1-253

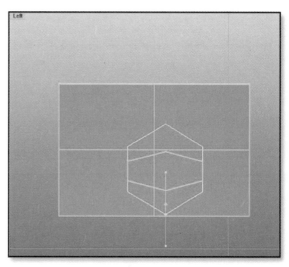

图 6-1-254

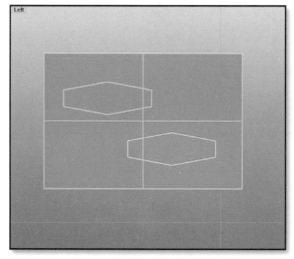

图 6-1-255

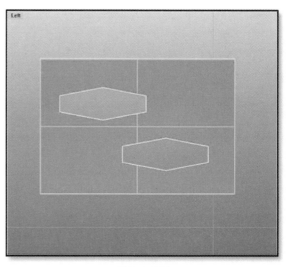

图 6-1-256

Step5：在 Left 视图中，用 Rectangle：Corner to Corner □（矩形：角对角）在如图 6-1-257 所示位置建立一个矩形。注意在选取点时要选在 Mid（中点）与 End（端点）的正交处。

Step6：在 Left 视图中，用 Trim ✄（修剪）命令，以矩形为 Cutting Objects（切割用物件）对曲面进行切割，然后将六边形删除，如图 6-1-258 所示。

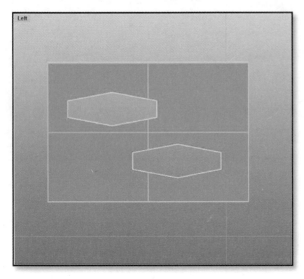

图 6-1-257

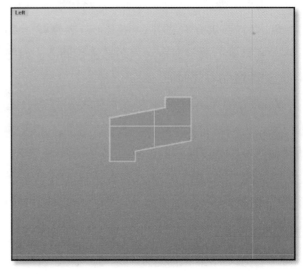

图 6-1-258

Step7：在 Left 视图中，连续用 Mirror ▥（镜像）命令对曲面进行镜像，如图 6-1-259 所示。

Step8：在 Left 视图中，用 Rectangular Array ▦（矩形阵列）命令对曲面进行阵列，如图 6-1-260 所示。注意 X 方向的数目为 16，Y 方向的数目为 8，Z 方向的数目为 1，选取单位方块时锁定 End（端点）。

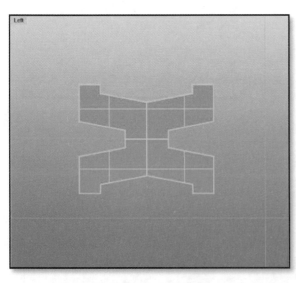

图 6-1-259

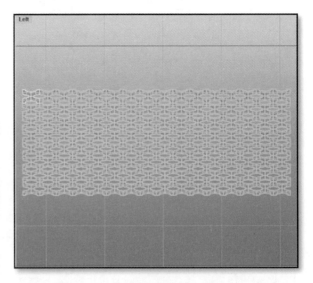

图 6-1-260

Step9：在 Top 视图中，用 Extrude Surface ▣（挤出曲面）将曲面挤出，如图 6-1-261 所示。

Step10：在 Left 视图中，将上一步建立的多重曲面进行 Group ♣（群组）、复制和粘贴，并且都移动到图层 2，然后在 Left 视图和 Front 视图中进行 Rotate 2-D ▨（2D 旋转）并且移动到合适的位置，如图 6-1-262 ～图 6-1-264 所示。

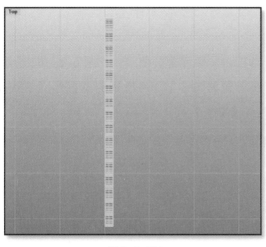

图 6-1-261

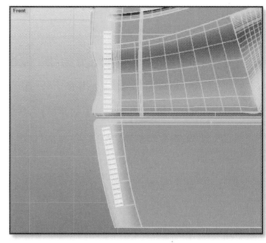

图 6-1-262

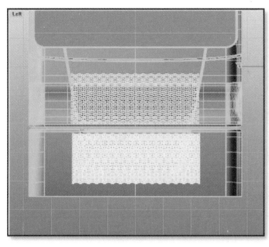

图 6-1-263

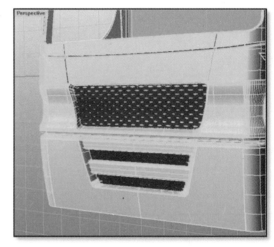

图 6-1-264

Step11：在 Left 视图中，用 Invert Select and Hide Objects （隐藏未选取的物件）将其他物件隐藏，然后用 Ungroup（解散群组）将两个群组解散，并且将不需要的部分删除，如图 6-1-265 所示。

Step12：在 Perspective 视图中用 Show Objects（显示物件）将其他物件显示出来，排气网建立完毕，如图 6-1-266 所示。

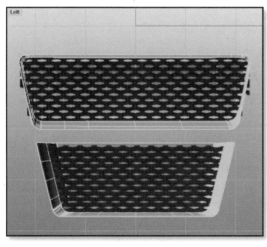

图 6-1-265

图 6-1-266

6.1.2.4 踏脚板

1.整体结构

Step1：在 Front 视图中，隐藏部分物件，显示图层 line1，删除部分曲线，如图 6-1-267 所示。

Step2：在 Front 视图中，用 Polyline〴（多重直线）在如图 6-1-268 所示的位置建立直线。注意建立直线时锁定 Near（最近点），以保证与另外两条曲线有交点。

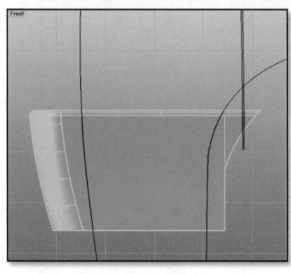

图 6-1-267　　　　　　　　　　　　　　　图 6-1-268

Step3：在 Front 视图中，将如图 6-1-269 所示选中的曲线进行复制并且粘贴。

Step4：在 Front 视图中，用 Fillet Curves〗（曲线圆角）命令在如图 6-1-270 所示位置建立圆角，注意半径 =50.000，组合 = 是，修剪 = 是，圆弧延伸方式 = 圆弧。

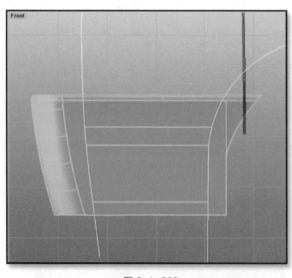
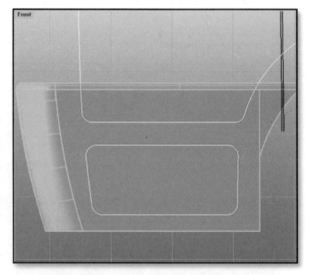

图 6-1-269　　　　　　　　　　　　　　　图 6-1-270

Step5：在 Front 视图中，用 Split（分割）命令，以曲线为 Cutting Objects（切割用物件），对曲面进行分割，如图 6-1-271 所示。

Step6：在 Front 视图中，隐藏图层 line1，用 Scale 1-D（单轴缩放）将如图 6-1-272 所示的曲面进行缩小。

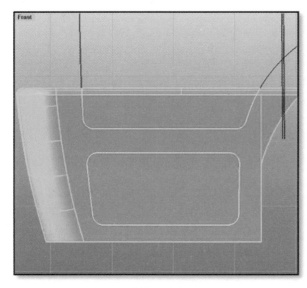

图 6-1-271

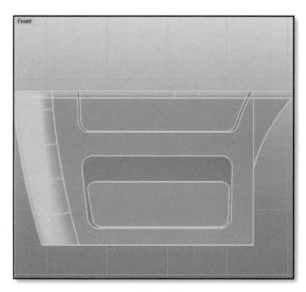

图 6-1-272

Step7：在 Left 视图中，将上一步缩小的曲面平移到合适的位置，如图 6-1-273 所示。

Step8：在 Perspective 视图中，用 Blend Surface 📎（混接曲面）对两曲面进行混接，如图 6-1-274 所示。

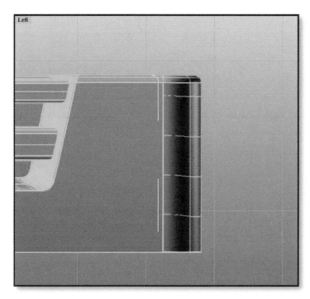

图 6-1-273

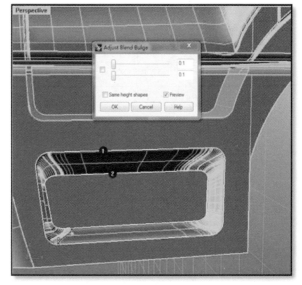

图 6-1-274

Step9：在 Top 视图中，用 Trim 🔧（修剪）命令对曲面进行修剪，如图 6-1-275 所示。

Step10：在 Perspective 视图中，用 Surface from 2，3 or 4 Edge Curves 🗊（二、三或四个边缘曲线）建立曲面建立如图 6-1-276 所示曲面。

2. 凸起条纹

Step1：在 Top 视图中，在空白处用 Rounded Rectangle 🔲（圆角矩形）建立圆角矩形，并用 Surface from Planar Curves 🔘（以平面曲线建立曲面）建立如图 6-1-277 所示曲面。

Step2：在 Left 视图中，用 Extrude Surface 📇（挤出曲面）建立如图 6-1-278 所示多重曲面。

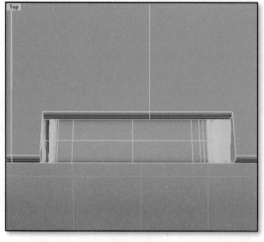

图 6-1-275

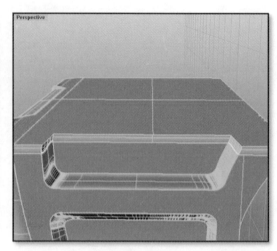

图 6-1-276

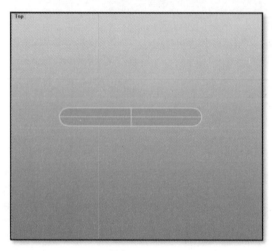

图 6-1-277

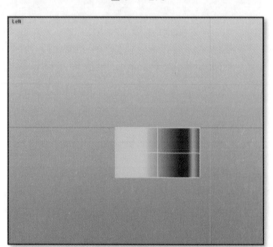

图 6-1-278

Step3：在 Perspective 视图中，用 Variable Radius Fillet （不等距边缘圆角）建立如图 6-1-279 所示圆角。

Step4：在 Top 视图中，用 Rectangular Array （矩形阵列）将多重曲面进行阵列，如图 6-1-280 所示。注意 X 方向的数目为 3，Y 方向的数目为 4，Z 方向的数目为 1。

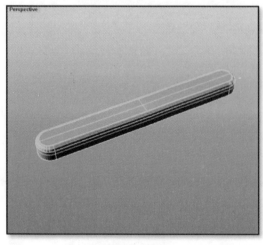

图 6-1-279

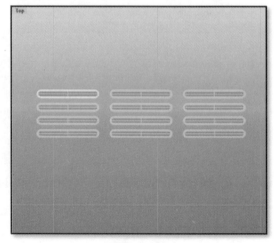

图 6-1-280

Step5：在 Top 视图中，将所有的多重曲面进行 Group ⬤（群组）、复制并且粘贴，然后将多重曲面分别移动到合适的位置，如图 6-1-281 ~ 图 6-1-283 所示。

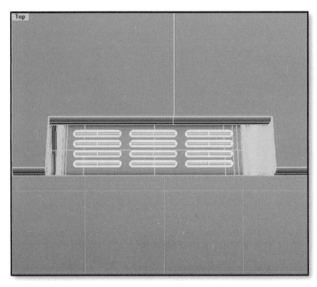

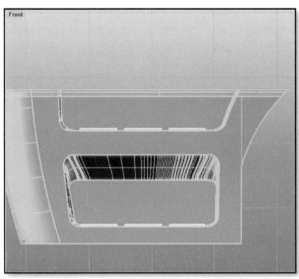

图 6-1-281

图 6-1-282

Step6：在 Front 视图中，选中如图 6-1-284 和图 6-1-285 所示的物件，在 Left 视图中用 Mirror ▥（镜像）命令将其镜像到车皮的另一边。

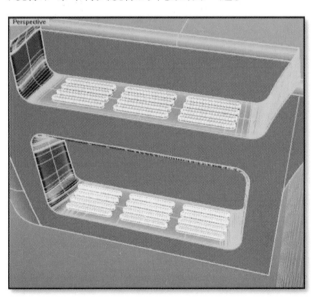

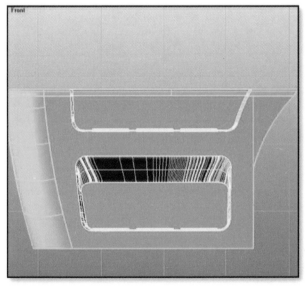

图 6-1-283

图 6-1-284

Step7：将 Front 视图转换为 Back 视图，在 Back 视图和 Top 视图中对曲面进行修剪，如图 6-1-286 和图 6-1-287 所示。

Step8：踏脚板建立完毕，如图 6-1-288 所示。

6.1.2.5　车身弧面细节补充

Step1：在 Left 视图中，在空白处用 Polyline ⚲（多重直线）建立一条多重直线，如图 6-1-289 所示。

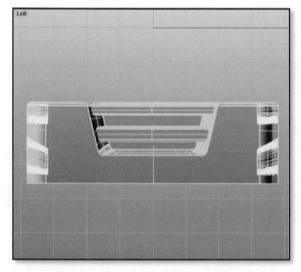

图 6-1-285

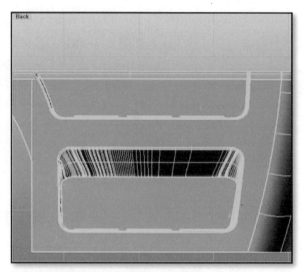

图 6-1-286

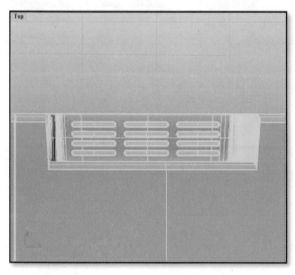

图 6-1-287

图 6-1-288

Step2：在 Left 视图中，用 Fillet Curves ⬑（曲线圆角）在如图 6-1-290 所示位置建立圆角。

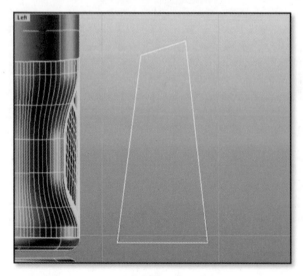

图 6-1-289

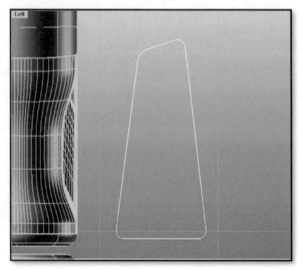

图 6-1-290

Step3：在 Left 视图中，用以 Surface from Planar Curves ◎（平面曲线建立曲面）建立如图 6-1-291 所示曲面。

Step4：在 Top 视图中，用 Extrude Surface ◎（挤出曲面）建立如图 6-1-292 所示多重曲面。

Step5：在 Perspective 视图中，用 Variable Radius Fillet ◎（不等距边缘圆角）建立如图 6-1-293 所示圆角，注意圆角半径选择 10。

Step6：在各个视图中，将多重曲面平移到合适的位置，并且用 Rotate 2-D ◎（2D 旋转）、弯曲等命令对多重曲面进行调节，如图 6-1-294 ~ 图 6-1-297 所示。

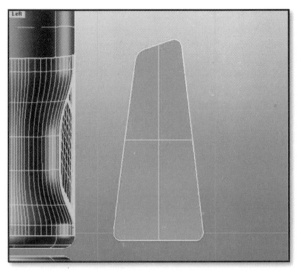

图 6-1-291

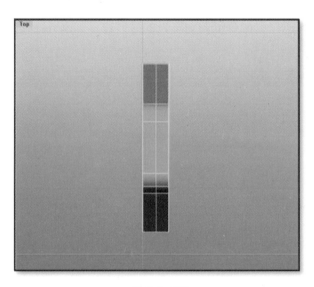

图 6-1-292

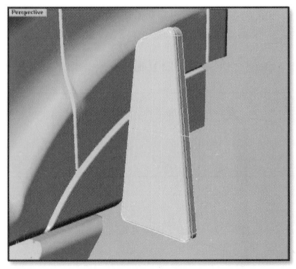

图 6-1-293

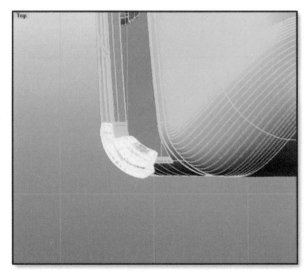

图 6-1-294

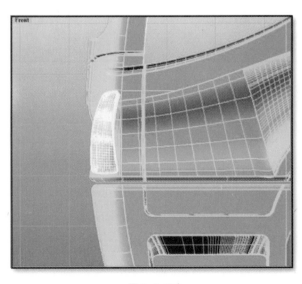

图 6-1-295

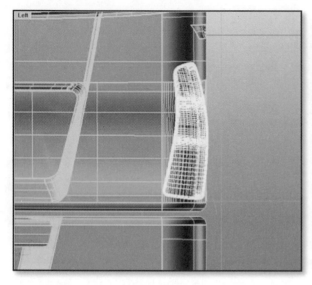

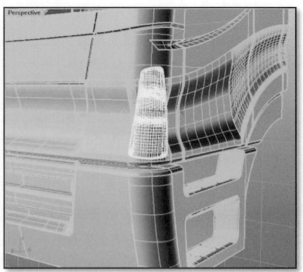

图 6-1-296 图 6-1-297

Step7：在 Top 视图中，将多重曲面用 Mirror ⚏（镜像）命令镜像到车壳的另一边，如图 6-1-298
所示。

Step8：车身弧面细节制作完毕，如图 6-1-299 所示。

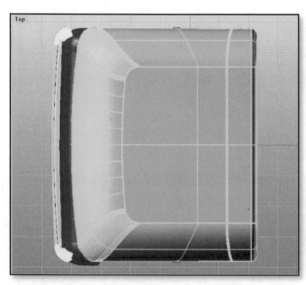

图 6-1-298 图 6-1-299

6.1.2.6 前大灯和雾灯

Step1：在 Left 视图中，用 Polyline ⚏（多重直线）和 Control Point Curve ⚏（控制点曲线）在如图
6-1-300 所示位置建立曲线。

Step2：在 Left 视图中，用 Fillet Curves ⚏（曲线圆角）在如图 6-1-301 所示位置建立圆角。

Step3：在 Left 视图中，用 Split ⚏（分割）命令，以曲线为 Cutting Objects（切割用物件）对曲面
进行分割，如图 6-1-302 所示。

Step4：在 Left 视图中，连续用 Scale 1-D ⚏（单轴放缩）将曲面缩小，如图 6-1-303 所示。

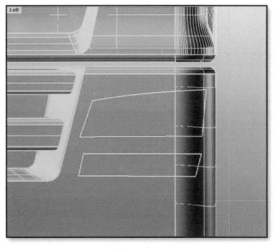

图 6-1-300

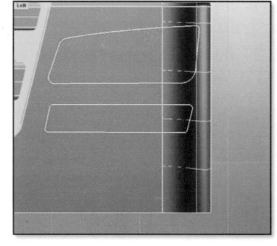

图 6-1-301

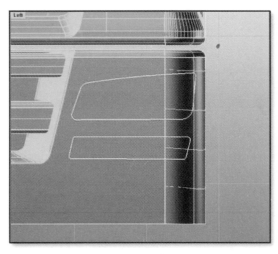

图 6-1-302

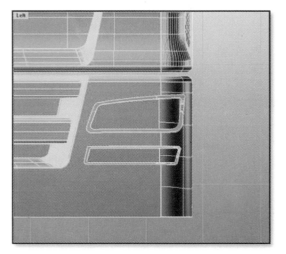

图 6-1-303

Step5：在 Front 视图中，将曲面平移到合适的位置，如图 6-1-304 所示。

Step6：在 Perspective 视图中，用 Blend Surface （混接曲面）、Sweep 2 Rails（双轨扫掠）和以 Surface from 2，3 or 4 Edge（二、三或四个边缘曲线建立曲面）等命令建立如图 6-1-305 所示曲面。

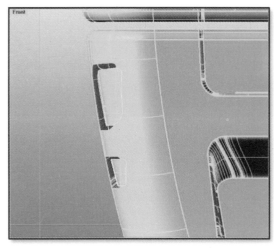

图 6-1-304

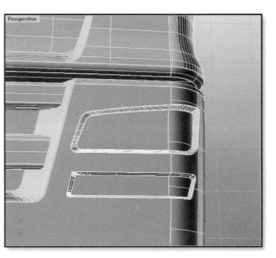

图 6-1-305

Step7：在 Left 视图中，将如图 6-1-306 所示的曲面分别移动到两个新图层，分别命名为 3、4，并且把图层颜色分别更改为淡紫色、棕红色。

Step8：在 Left 视图中，将如图 6-1-307 所示曲线用 Mirror ⚖（镜像）命令镜像到车壳另一边，并且用 Trim ✂（修剪）命令对曲面进行修剪。

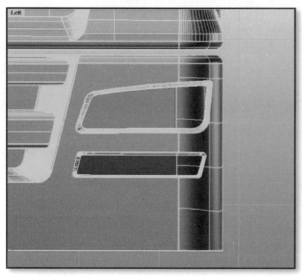

图 6-1-306

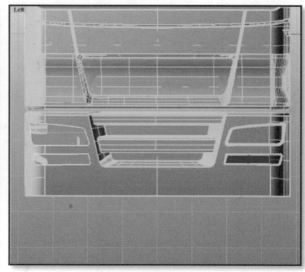

图 6-1-307

Step9：在 Left 视图中，将如图 6-1-308 所示的曲面用 Mirror ⚖（镜像）命令镜像到车皮另一边。

Step10：前大灯和雾灯建立完毕，如图 6-1-309 所示。

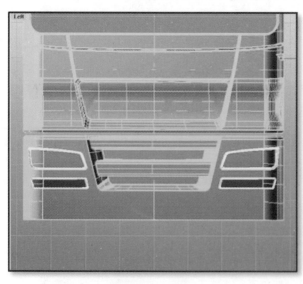

图 6-1-308

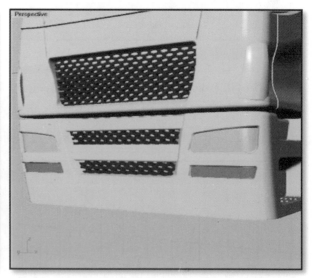

图 6-1-309

6.1.2.7　保险杠

Step1：在 Left 视图和 Front 视图中，用 Polyline ⋀（多重直线）命令建立如图 6-1-310 和图 6-1-311 所示的直线。

Step2：在 Left 视图和 Front 视图中，用 Split ✂（分割）命令，以多重直线为 Cutting Objects（切割用

物件）对曲面进行分割，然后将直线删除，并且用 Invert Select and Hide Objects （隐藏未选取的物件）将其他物件隐藏，如图 6-1-312 ~ 图 6-1-314 所示。

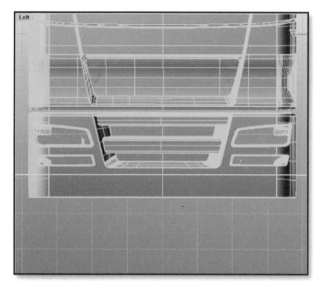

图 6-1-310

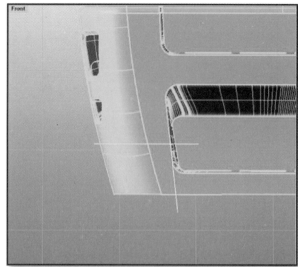

图 6-1-311

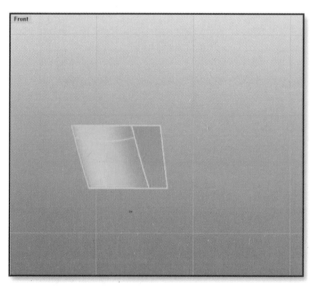

图 6-1-312

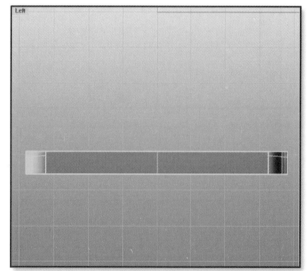

图 6-1-313

Step3：在 Top 视图中，将曲面进行复制和粘贴，并且用 Scale 2-D （二轴放缩）将复制出来的曲面进行放大，如图 6-1-315 和图 6-1-316 所示。注意选取 Origin Point（基点）时要选在 Mid（中点）的正交上。

Step4：在 Perspective 视图中，用 Blend Surface（混接曲面）对两曲面进行混接，并且用 Sweep 2 Rails（双轨扫掠）命令建立如图 6-1-317 所示曲面。

Step5：在 Top 视图中，将多重曲面平移到合适的位置并且用 Scale 1-D（单轴放缩）调整到合适的大小，如图 6-1-318 所示。

Step6：保险杠建立完毕，如图 6-1-319 所示。

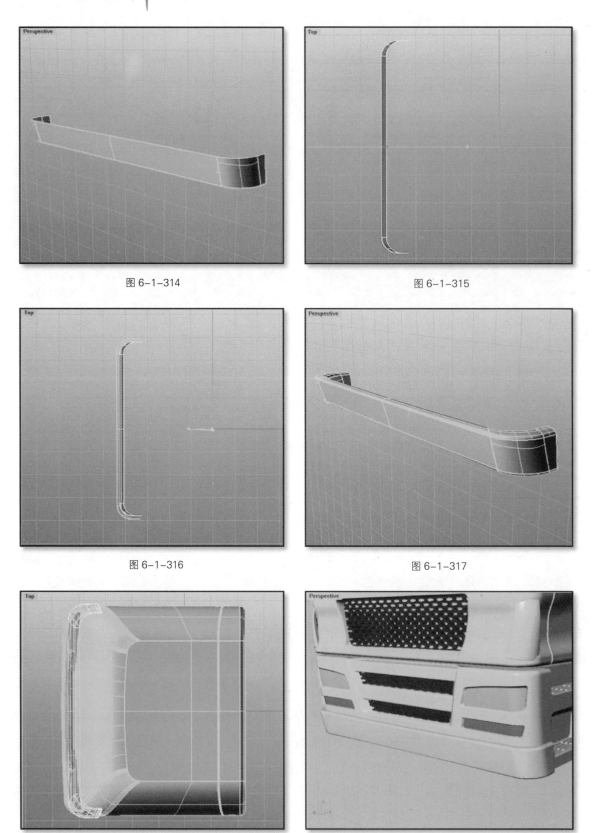

图 6-1-314

图 6-1-315

图 6-1-316

图 6-1-317

图 6-1-318

图 6-1-319

6.1.2.8 雨刮器

Step1：在 left 视图中，用圆：中心点、半径和 Polyline ⚠（多重直线）、Control Point Curve ▱（控

制点曲线）等命令建立如图 6-1-320 所示曲线。

Step2：在 Left 视图中，用 Surface from Planar Curves ◎（以平面曲线建立曲面）、Sweep 2 Rails ⒉（双轨扫掠）和 Surface from 2，3 or 4 Edge ▦（以二、三或四个边缘曲线建立曲面）等命令建立如图 6-1-321 所示的曲面。

Step3：在 Top 视图中，用 Extrude Surface ▣（挤出曲面）分别建立如图 6-1-322 所示多重曲面。

Step4：在 Front 视图中，将多重曲面平移到合适的位置，并用 Bend ⸝（弯曲）命令将多重曲面弯曲到合适的角度，如图 6-1-323 所示。

Step5：在 Perspective 视图中，将多重曲面改变到图层 2，雨刷建立完毕，如图 6-1-324 所示。

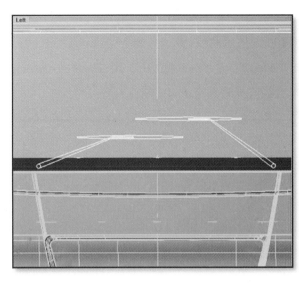

图 6-1-320

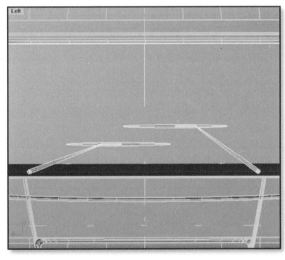

图 6-1-321

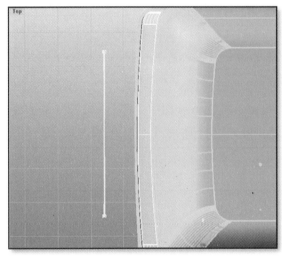

图 6-1-322

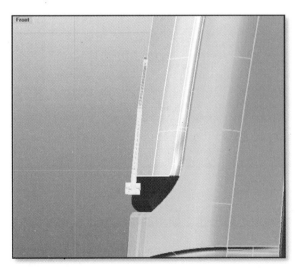

图 6-1-323

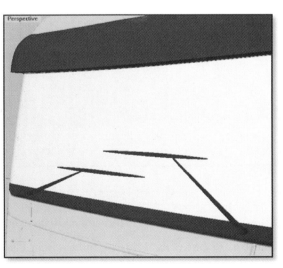

图 6-1-324

6.1.2.9　车门反光镜

Step1：在 Left 视图中，用 Polyline （多重直线）、Fillet Curves （曲线圆角）等命令建立如图 6-1-325 所示曲线。

Step2：在 Front 视图中，用 Circle : Diameter （圆：直径）建立如图 6-1-326 所示曲线，注意选择直径起点时锁定 End（端点）。

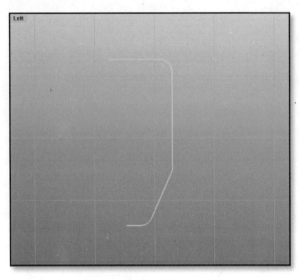

图 6-1-325

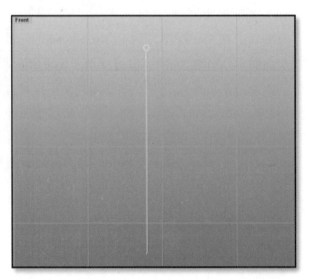

图 6-1-326

Step3：在 Left 视图中，将上一步建立的曲线进行复制和粘贴，并把复制出来的曲线移动到合适的位，如图 6-1-327 所示。

Step4：在 Perspective 视图中，用 Sweep 1 Rail （单轨扫掠）命令建立如图 6-1-328 所示曲面。

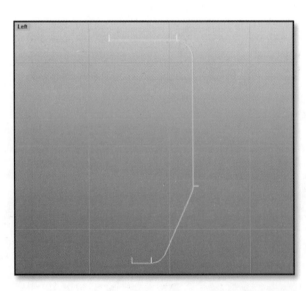

图 6-1-327

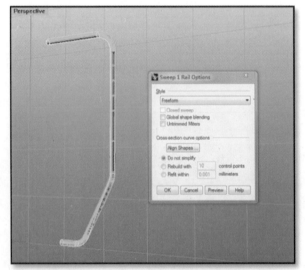

图 6-1-328

Step5：在 Left 视图中，用 Rounded Rectangle （圆角矩形）建立如图 6-1-329 所示矩形。

Step6：在 Left 视图中，用以 Surface from Planar Curves （平面曲线建立曲面）建立如图 6-1-330 所示曲面。

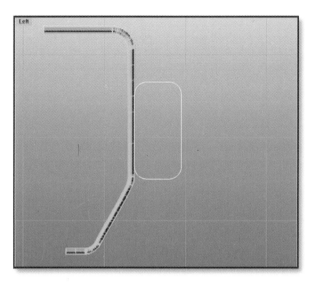

图 6-1-329

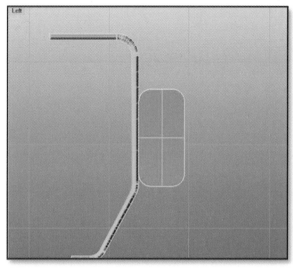

图 6-1-330

Step7：在 Top 视图中，用 Extrude Surface 🖼（挤出曲面）建立如图 6-1-331 所示曲面。

Step8：在 Perspective 视图中，用 Variable Radius Fillet 🔲（不等距边缘圆角）建立如图 6-1-332 所示圆角。

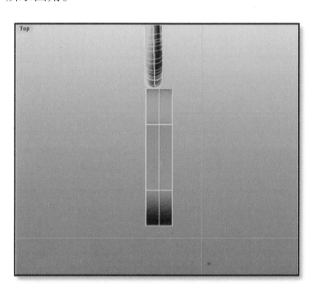

图 6-1-331

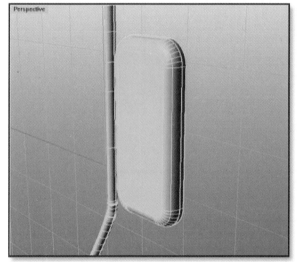

图 6-1-332

Step9：在 Perspective 视图中，用 Explode（炸开）将多重曲面炸开，然后用缩回已修建曲面、Rebuild Surface 🔳（重建曲面）等命令对选中曲面进行重建，如图 6-1-333 所示。

Step10：在 Front 视图中，对上一步中重建的曲面进行调整，如图 6-1-334 所示。

Step11：在 Perspective 视图中，用 Variable Radius Fillet 🔲（不等距边缘圆角）、Control Points On 🔲（开启控制点）等命令对曲面进行调整，如图 6-1-335 所示。

Step12：在 Top 视图中，用 Rotate 2-D 🔲（2D 旋转）将多重曲面旋转，如图 6-1-336 所示。

Step13：在各个视图中，用同样的方法建立车皮另一边的反光镜。将反光镜改变到图层 2，反光镜建立完毕，如图 6-1-337 ~ 图 6-1-340 所示。

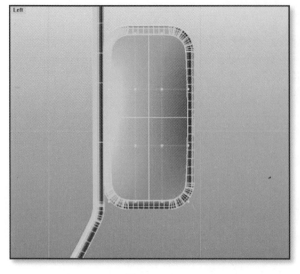

图 6-1-333

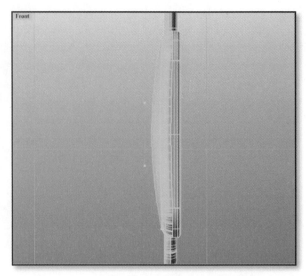

图 6-1-334

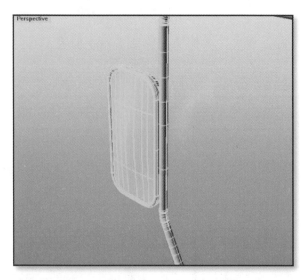

图 6-1-335

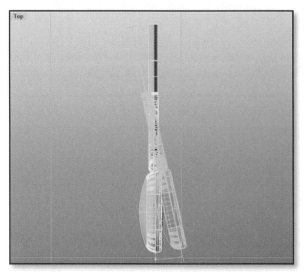

图 6-1-336

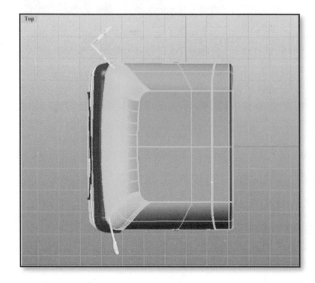

图 6-1-337

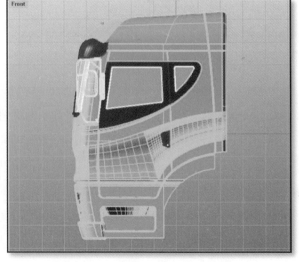

图 6-1-338

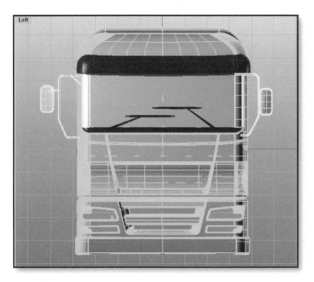

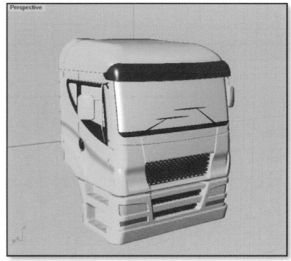

图 6-1-339

图 6-1-340

6.1.3　车身渲染

6.1.3.1　Vray 整体设置

Step1：在 Rhino 中，将图 6-1-341 ～图 6-1-345 中所选中的部件分别导出，分别命名为"车身"、"玻璃"、"黑色部件"、"前照灯"、"雾灯"。

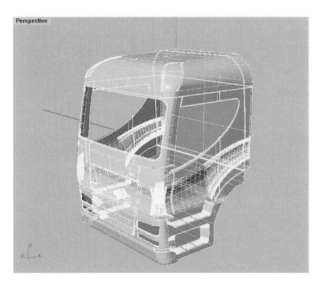

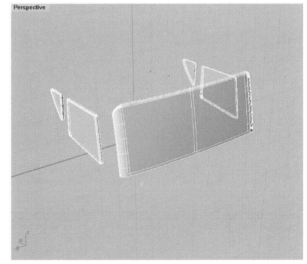

图 6-1-341　车身

图 6-1-342　玻璃

Step2：在 3ds max 中用 Power Nurbs 插件导入对 Vray 进行设置。在 Vray Global switches（Vray 全局设置）中，关闭 Default lights（默认灯光），如图 6-1-346 所示。

Step3：在 Vray Environment（Vray 环境）中，打开 GI Environment Override（天光），如图 6-1-347 所示。

Step4：在 Indirect Illumination（二次光线反弹）中将其打开，在 Vray：Irradiance Map 中将 Current Preset 的精度调为 Very Low 如图 6-1-348 所示。

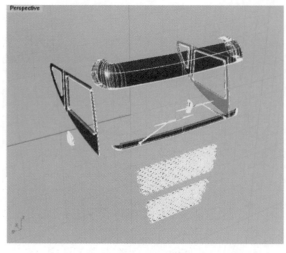

图 6-1-343　黑色部件

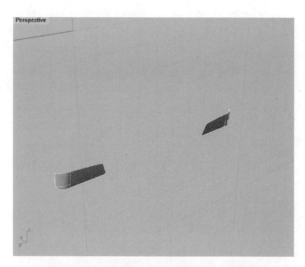

图 6-1-344　前照灯

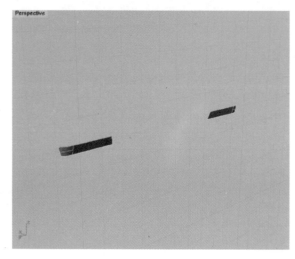

图 6-1-345　雾灯

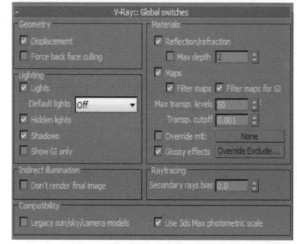

图 6-1-346

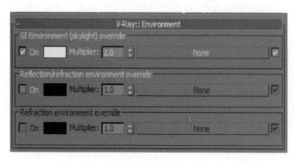

图 6-1-347

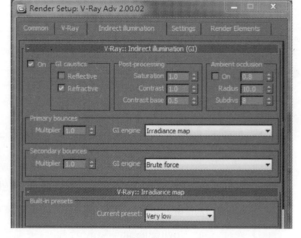

图 6-1-348

6.1.3.2　材质编辑

Step1：在 3ds max 中，从上一步设置的保存路径中将"车身"导入，如图 6-1-349 所示。

Step2：在 Top 视图中用 VrayPlane 建立地面，在 Left 视图中调整地面位置，如图 6-1-350 所示。

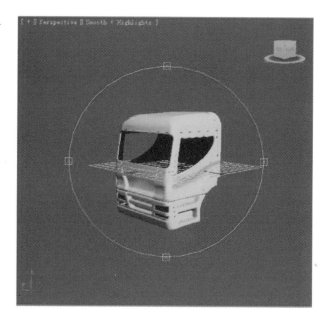

图 6-1-349

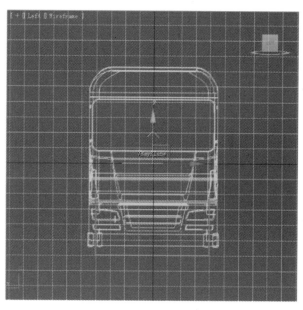

图 6-1-350

Step3：为地面 Material Editor（材质编辑器），选择一个材质球，单击 Standard（标准），选择 VrayMtl 材质，如图 6-1-351 所示。

Step4：设置地面颜色，单击 Diffuse（物体固有色），参数设置如图 6-1-352 所示。

Step5：设置反射强度，VRay 通过色彩的明度来控制材质反射的强度。单击 Reflect（反射）的色彩选择框，设置如图 6-1-353 所示。选择地面，指定渲染器。

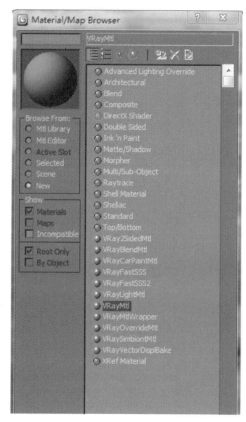

图 6-1-351

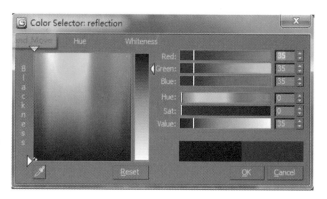

图 6-1-352

图 6-1-353

Step6：为车身 Material Editor（材质编辑器）。选择一个材质球，单击 Standard 按钮，选择 Shellac 材质，如图 6-1-354 所示。

Step7：对材质进行具体设置，如图 6-1-355 所示。Base Material（基础材料）为 BaseMtl（基础材质），Shellac Material（清漆材料）为 LacquerMtl（漆材质）。

Step8：Base Material（基础材料）的设置如图 6-1-356 所示。

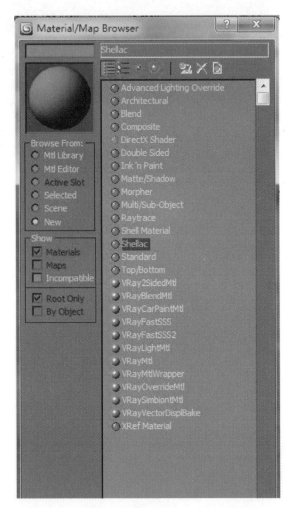

图 6-1-354

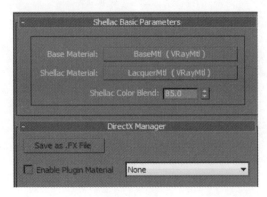

图 6-1-355

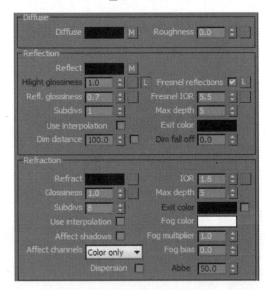

图 6-1-356

Step9：基础材料的 Diffuse（物体固有色）的设置如图 6-1-357 所示。

Step10：基础材料的 Reflect（反射）设置如图 6-1-358 所示。

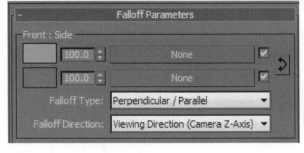

图 6-1-357

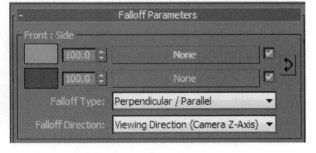

图 6-1-358

Step11：Shellac Material（清漆材料）的设置如图 6-1-359 所示。

Step12：Shellac Material（清漆材料）的 Reflect（反射）设置如图 6-1-360 所示。

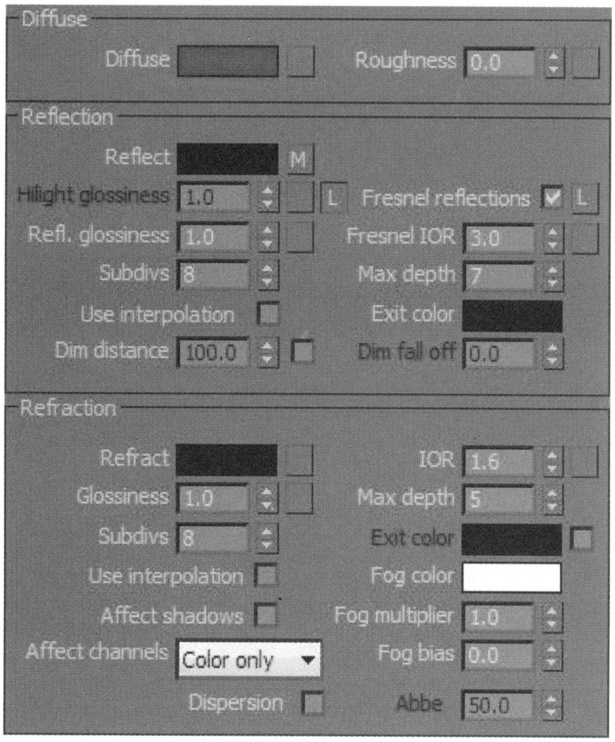

图 6-1-359

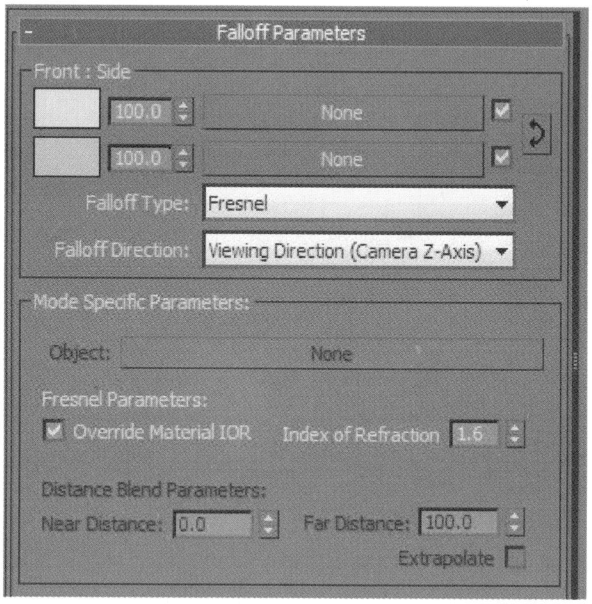

图 6-1-360

Step13：从上一步设置的保存路径中将"玻璃"导入，如图 3-361 所示。

Step14：为玻璃 Material Editor（材质编辑器），具体设置如图 6-1-362 所示。

Step15：从上一步设置的保存路径中将"黑色部件"导入，并为其 Material Editor（材质编辑器），选择一个材质球，将标准设置为 VrayMtl 材质，并将具体设置为如图 6-1-363 所示。

Step16：从上一步设置的保存路径中将"前照灯"导入，并为其 Material Editor（材质编辑器），选择一个材质球，将标准设置为 VrayLightMtl 材质，并将具体设置为如图 6-1-364 所示。

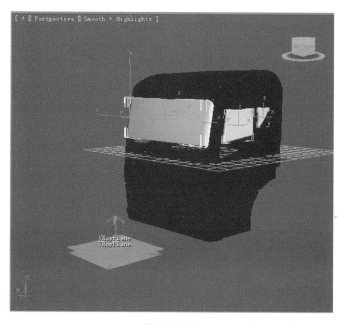

图 6-1-361

Step17：从上一步设置的保存路径中将"雾灯"导入，并为其 Material Editor（材质编辑器），选择一个材质球，将标准设置为 VrayMtl 材质，并将具体设置为如图 6-1-365 所示。

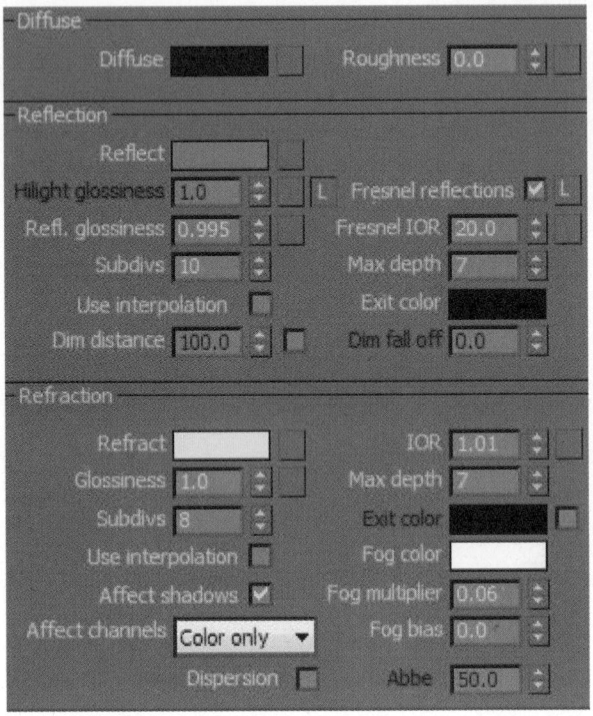

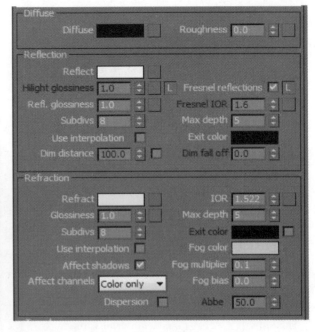

图 6-1-362

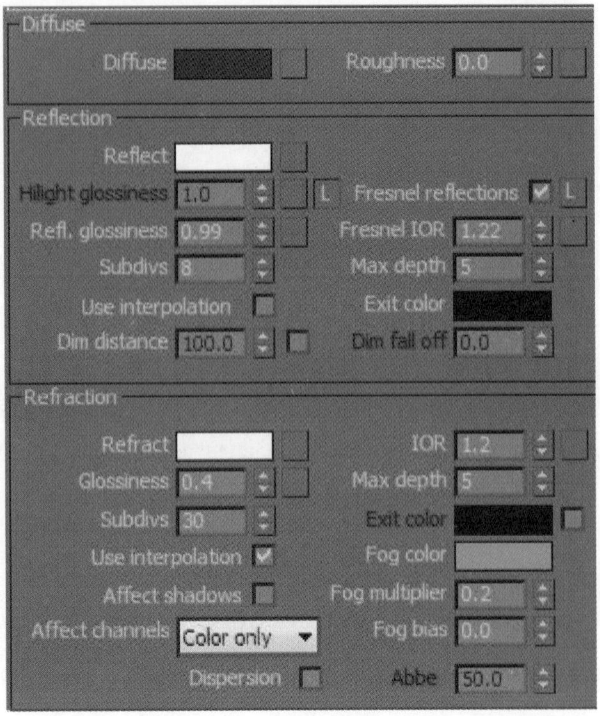

图 6-1-363

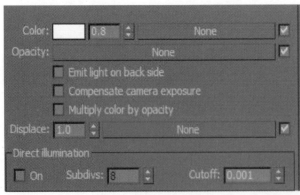

图 6-1-364

图 6-1-365

6.1.3.3 设置环境

Step1：设置环境。在 Render Setup（渲染设置）中，展开 Vray Environment（Vray 环境），点击 GI Environment Override（天光）中的 "None"，选择 VrayHDRI（Vray 高能动态贴图），如图 6-1-366 所示。

Step2：打开 Reflection/Refraction Environment Override（反射和折射），并将 GI Environment Override

（环境天光）中的"Map"拖入反射和折射中的"None"，如图6-1-367所示。

Step3：将"Map"拖入Material Editor（材质编辑器）中的新材质球，如图6-1-368所示。

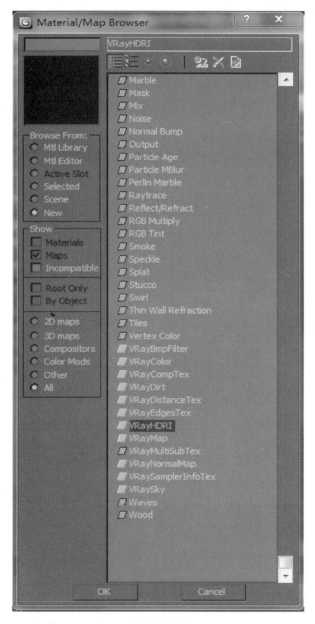

图6-1-366

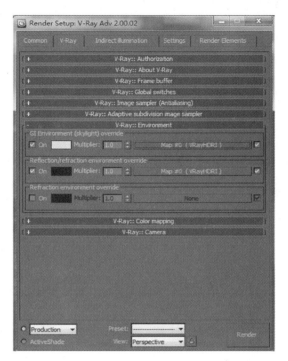

图6-1-367

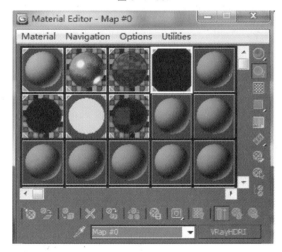

图6-1-368

Step4：点击选择Browse（高能动态贴图），插入一张高能动态贴图，如图6-1-369所示。

Step5：对贴图进行设置，如图6-1-370所示。

Step6：点击Rendering（渲染），在Environment and Effects（环境和效果）中进行设置，将材质球中的Browse（高能动态贴图）材质球拖入Environment Map（背景环境贴图），如图6-1-371所示。

Step7：选择View（视图），在Viewport Background（视图背景）中，选择使用（Use Environment Background 使用环境背景），如图6-1-372所示。

Step8：选择地面，单击右键，选择VRay Object Properties（Vray物件属性），选择其中的Matte Object，除去地面，如图6-1-373所示。

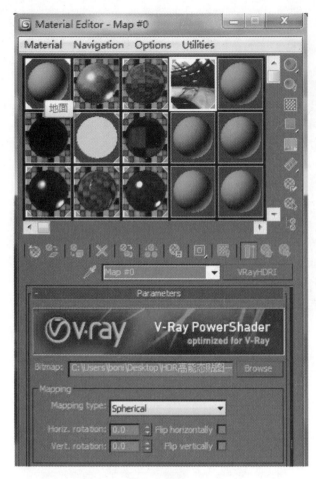

图 6-1-369

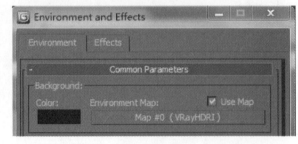

图 6-1-370

图 6-1-371

图 6-1-372

Step9：选择 Lights（灯光）—Standard（标准）—Target Spot（目标射灯），如图 6-1-374 所示。对灯光进行设置，如图 6-1-375 和 6-1-376 所示。

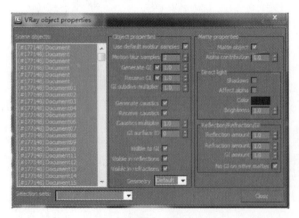

图 6-1-373

图 6-1-374

Step10：在如图 6-1-377 所示放置光源。

Step11：选择 Camera（照相机）—Standard（标准）—Target（目标），如图 6-1-378 所示。对灯光进行设置，如图 6-1-379 ~ 图 6-1-381 所示。

Step12：在如图 6-1-382 所示位置放置照相机。

图 6-1-375

图 6-1-376

图 6-1-377

图 6-1-378

图 6-1-379

图 6-1-380

图 6-1-381

图 6-1-382

Step13：根据图 6-1-382 调节完各参数后，打开 Render Setup，在 Common 下的 Common Parameters 下的 Output Size 栏中，设置为 Width：2560，Hight：1920；在 Indirect Illumination 中的 Irradiance Map 下的 Built-in Precets 中的下拉菜单中，选为 High/ High-annimation/ Very High。最后点击对话框右下角的 Render 进行出图，最终效果如图 6-1-383 所示。（为使渲染效果更好，把卡车后面的部分一同渲染，材质编辑不再赘述）

图 6-1-383

6.2 卡车驾驶室内饰建模与渲染

6.2.1 车内饰建模

6.2.1.1 主控制台建模

1.基本形建模

Step1：建立一个名为"Lines"的图层并激活，在 Top 视图中用 Lines 画出如图 6-2-1（a）所示的不闭合的操作台轮廓。再用 Curve Tools 工具中的 Adjustable Curve Blend ，依次封闭曲线，如图 6-2-1（b）所示。

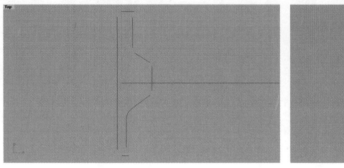
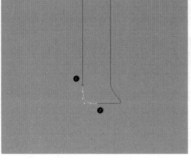

图 6-2-1（a）   图 6-2-1（b）

备注：

（1）建议作图时，将所有线段都放于"Lines"图层中，便于管理。

（2）与直接画曲线或无倒角的情况相比，使用直线后进行 G2 连续，能大大降低将线转化成面时的错误率。

（3）为确保所画线条在同一平面内，可开启下端工具栏中的 Planar 按钮，如图

Snap | Ortho | **Planar** | Osnap | Record History | Select Object 。

Step2：按照相同步骤，构建外框架。全选各线段，将外圈框架在 Front 视图或 Left 视图中向下移动，得到如图 6-2-2（a）和图 6-2-2（b）所示的相对位置。

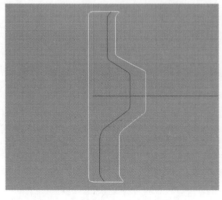
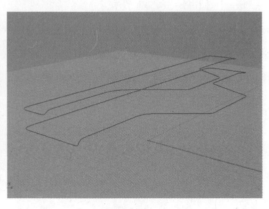

图 6-2-2（a）   图 6-2-2（b）

Step3：复制粘贴外框架，并在 Front 视图或 Left 视图中向下移动，得到如图 6-2-3 所示的相对位置。

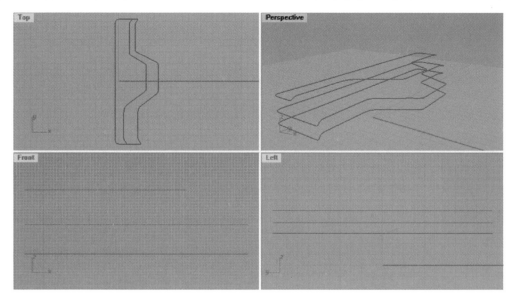

图 6-2-3

Step4：根据外框架建面，新建一个图层并激活，命名为"Surface"图层，用 Surface from Planar Curves ◎（以平面曲线建立曲面）建立上顶面，如图 6-2-4（a）和图 6-2-4（b）所示。

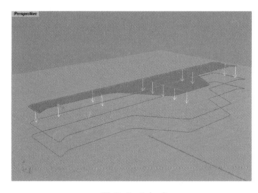
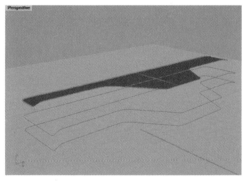

图 6-2-4（a）   图 6-2-4（b）

备注：

　　若此时面显示为橙黄色，表示"内面外翻"，渲染时容易出错，需要翻转该面，单击 Analyze Direction ◢（分析工具），单击命令栏中的 Flip 或输入"F"，单击回车，完成面的翻转。（往后若遇同样问题按相同方法处理，不再累述）

Press Enter when done (UReverse VReverse SwapUV Flip): Flip
Press Enter when done (UReverse VReverse SwapUV Flip): |

Step5：用 Surface 工具中的 Extrude Straight ▣（挤出曲面），在中间曲线的基础上建立辅助面，如图 6-2-5（a）所示。打开 Snap（捕捉工具）中的 End 选项，用 Analyze Direction ◢（分析工具）中的 Split ▣（分割）将两面的边缘线打断成如图 6-2-5（b）所示的两条黄色曲线。

最后用 Blend Surface（混合曲面），根据两条黄线建立斜面，斜面根据建模需要进行调节（除拖动弹出框中的滑动条进行调节外，还可以通过可控点进行调节），完成后，删除辅助面，如图 6-2-6（a）和图 6-2-6（b）所示。

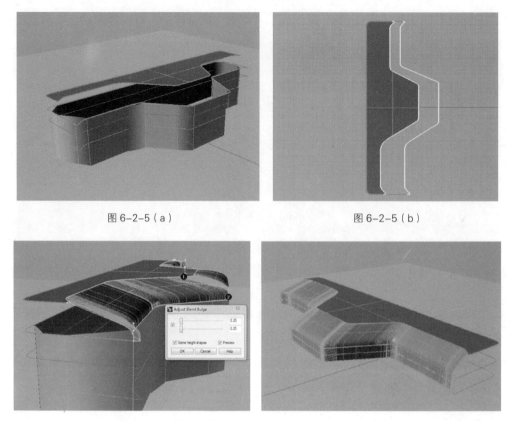

图 6-2-5（a）　　　　　　　　　　图 6-2-5（b）

图 6-2-6（a）　　　　　　　　　　图 6-2-6（b）

Step6：同样用建立辅助面，断边，曲面融合的方法建立控制台立面，如图 6-2-7（a）和图 6-2-7（b）所示。

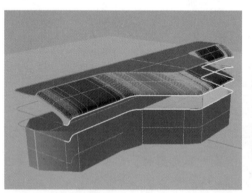
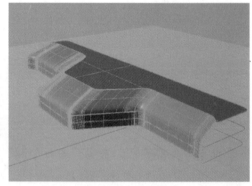

图 6-2-7（a）　　　　　　　　　　图 6-2-7（b）

Step7：捕捉下端曲线中点，用 Control Point Curve（控制点曲线）在 Front 视图中画出如图 6-2-8（a）所示曲线。用 Sweep 1 Rail（单轨扫掠），依次点击下端曲线、所画控制点曲线，建成如图 6-2-8（a）所示面，打开 Snap（捕捉工具），根据分面情况，用 Split（分割）将立面下边缘打断，并依次用 Sweep Rails（双轨扫掠）建立面，如图 6-2-8（b）所示。

模型另一半采用相同方式建立面，完成后，用 Merge Surface（混接曲面）将下底面变成一个整体，如图 6-2-9（a）所示。最后在 Top 视图中画一条与轮廓线重合的直线，用 Trim（修剪）对底面进行修剪，如图 6-2-9（b）所示。

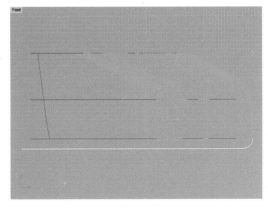
图 6-2-8（a）

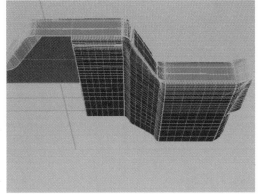
图 6-2-8（b）

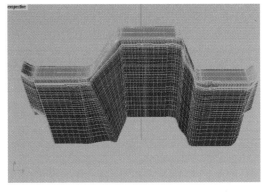
图 6-2-9（a）

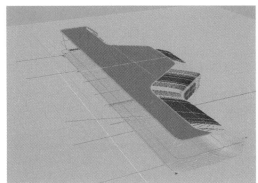
图 6-2-9（b）

Step8：建立侧面。用 Split （分割）将上顶面边缘在拐角前断开，用 Adjustable Curve Blend （调整曲线混合度）混接上下表面边缘曲线，并用控制点调节得到如图 6-2-10（a）所示曲线。用 Patch （嵌面）依次点击侧面轮廓线，以补全侧面，如图 6-2-10（b）所示，另一侧面按照相同步骤建模。

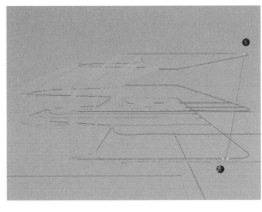
图 6-2-10（a）

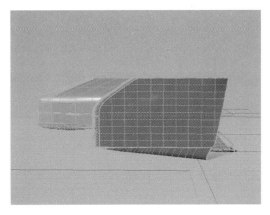
图 6-2-10（b）

2. 面的变化

上表面储物台

Step1：Top 视图中，用 Lines （直线）在中央拐角处附近画如图 6-2-11（a）所示黄色直线并用 Split （分割）将黄色截面截断。转到 Right 视图中，打开 Int（交点捕捉按钮），右击 Split （分割），于上一步断裂面交点处将立面断开，如图 6-2-11（b）所示。

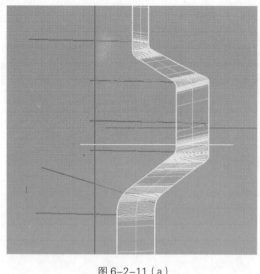 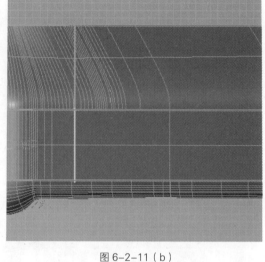

图 6-2-11（a）　　　　　　　　　　图 6-2-11（b）

在 Top 视图中画如图 6-2-12（a）所示两条斜线（内侧斜线端点需与中间断裂面交点相交），并对上表面用 Trim（修剪）挖去斜线中间所夹部分。用 Mirror（镜像）以上表面中点为对称中心作对称，得到如图 6-2-12（b）所示效果。

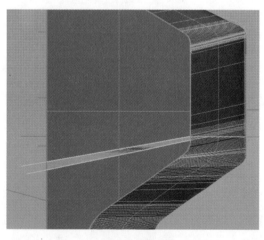 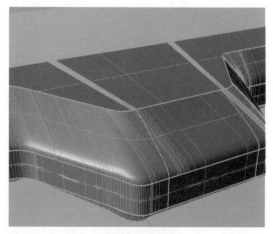

图 6-2-12（a）　　　　　　　　　　图 6-2-12（b）

备注：

为了更直观、简洁地对面进行变化，右击视图中的 Left 标签，在 Set View 中，可将视图改为 Right，即可得操作台正面图。

Step2：用 Rebuild Surface（重建曲面）对中央梯形面进行重建，参数如图 6-2-13（a）所示。对中央梯形 Control Pointon（开启可控点），并用 Shrink Trimmed Surface（收缩裁剪面）缩小可控点范围，如图 6-2-13（b）所示。

对梯形进行升阶处理，在工具栏 Tools Tools Layout 中选中 Container，如图 6-2-14（a）所示，用 Tsplines 其中的 Translate（变换设置）对成排的点进行调节以保证点在平行于 Z 轴方向的移动，调至如图 6-2-14（c）所示效果。

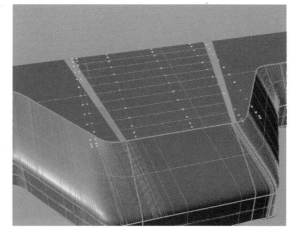

图 6-2-13（a）   图 6-2-13（b）

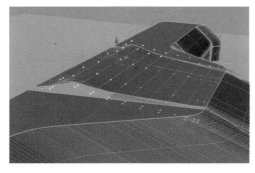

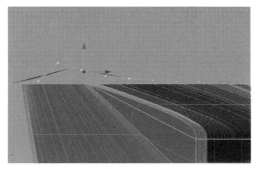

图 6-2-14（a）   图 6-2-14（b）   图 6-2-14（c）

> **备注：**
>
> 为了使面的起始边不发生变化，一般至少从第四排可控点开始进行面的变化。

Step3：补面。对空隙的两边进行 Blend Surface ▧（混接曲面）并调节，在 End 处提取 ISO 线，此时侧面与顶面并没有很好的混接。删除面，用两轨成型法进行重建建面（其中一条轨道线借用斜面边线，需要用 Split ▧（切割）进行加点打断处理），如图 6-2-15（a）和图 6-2-15（b）所示，Rail Curve Option 中 A、B 均选 Curvature，另一侧按照相同步骤操作。

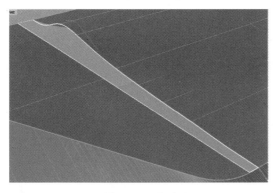

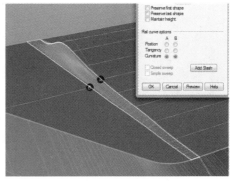

图 6-2-15（a）   图 6-2-15（b）

Step4：在 Top 视图中用直线和曲线混接工具画出如图 6-2-16（a）黄色线所示半封闭梯形，用

Scalel-D ▣（单轴放缩）对该梯形框进行复制并在正交方向上放缩，用 Trim（修剪）减去中间部分。用与 Step3 相同的方法先混接曲面 Blend Surface（混接曲面），提取 ISO 线后两轨成型。

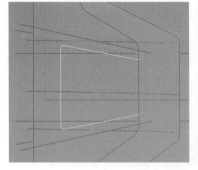 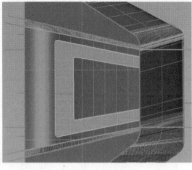 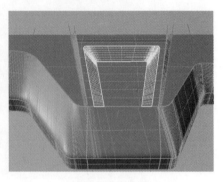

图 6-2-16（a） 图 6-2-16（b） 图 6-2-16（c）

Step5：建立分模线。选择如图 6-2-17（a）所示黄色区域后，点击（反向选择并隐藏物件）按钮将其余部分隐藏，用 Extrude curve normal to Surface （沿面的法线垂直挤出面）对如图 6-2-17（b）所示边缘线进行挤出并复制。

 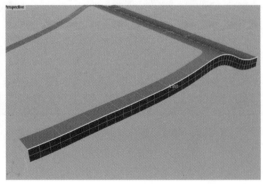

图 6-2-17（a） 图 6-2-17（b）

用 Jion（结合）将两面合并，用 Variable Radius Fillet （不等距边缘圆角）对边缘线进行倒角处理，如图 6-2-18（a），倒角半径设为 3。用 Invert Select and Hide Objects （切换隐藏和显示物件）显示隐藏部分，粘贴之前的挤出面，同样进行 Jion 操作和倒角操作。用同样的方法对斜面及立面需要分模的地方进行倒角处理，如图 6-2-18（b）所示。

图 6-2-18（a） 图 6-2-18（b）

备注：

1）如果在对面进行挤出垂直面操作时出现错误，可以用 Rebuild Surface（重建曲面）重建该面后再挤出。

2）两条相交边同时倒角时，拐弯处较难处理，如图 6-2-18（a）和图 6-2-18（b）所示，可先对两条倒角边用 Surface 面板工具中的 Surface from 2.3 or 4 Edge ▣（以二、三或四个边缘曲线建立曲面）进行建面，然后分别将拐角面与两边倒角面进行 Match ▣（衔接）操作，得到自然圆弧过渡。

Step6：右侧储物台。用 Lines ▣（直线）和 Blend Curve ▣（混接曲线），画出如图 6-2-19 所示圆角梯形，与 Step4 步骤类似，先进行 Scale 2-D ▣（二轴放缩）并复制，通过 Trim ▣（修剪）去除所夹面后，对中间面进行降面处理，最后混接。

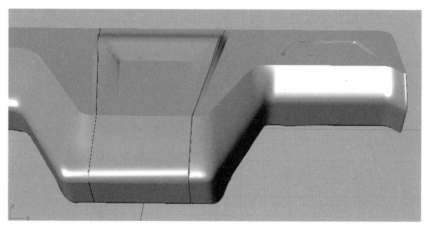

图 6-2-19

3. 元器件镶嵌

（1）立面镶嵌条。

Step1：画一条直线，在 Right 视图中用 Trim ▣（修剪）对中间线框与该直线所夹的面进行剪切，如图 6-2-20（a）和图 6-2-20（b）所示。用 Blend Surface ▣（混接曲面）工具对空隙进行混接，提取 ISO 线，用 Control Pointon ▣（开启可控点）在 Front 视图中将平直的 ISO 线根据镶嵌条的凸起幅度需要，用 Sweep 2 Rails ▣（双轨扫掠）进行建面。

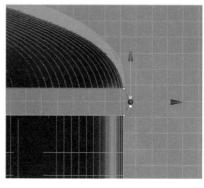

图 6-2-20（a）

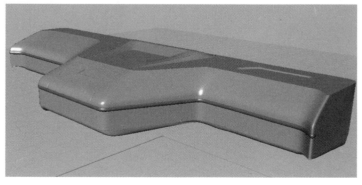

图 6-2-20（b）

（2）仪表盘镶嵌。

Step1：置入贴图文件。在 Top 视图中，右击 Top 视图标签，选择 Background Bitmap 中的 Place，选择一张仪表盘的贴图文件打开，根据所需大小，用十字框拉出矩形框，如图 6-2-21 所示。

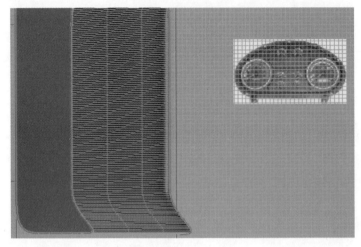

图 6-2-21

Step2：建立仪表盘模块。用 Interpolated Curve ▢（插入点曲线）根据嵌入的位图形状进行描边并调节，如图 6-2-22（a）所示。用实体工具面板中的 Extrude Closed Planer Curve ▣ 对所描边在 Perspetive 视图中挤出体，如图 6-2-22（b）所示。

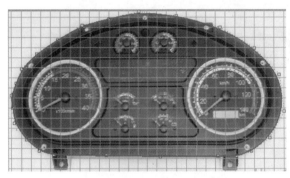

图 6-2-22（a）

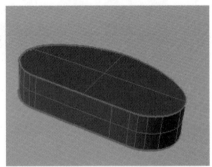

图 6-2-22（b）

用旋转、移动等工具将仪表盘模块放于所需位置，如图 6-2-23（a）和图 6-2-23（b）所示。

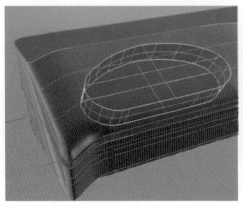

图 6-2-23（a）

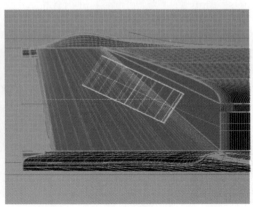

图 6-2-23（b）

Step3：仪表盘镶嵌槽建模。用 Duplicate edge （提取边线工具）提取仪表盘模块上表面边线，复制后在 Top 视图中进行二维放大操作，并用 Trim（修剪）扣去该边线内部的斜面，得到如图6-2-24（a）所示效果。最后将仪表盘模块上表面与控制台斜面进行 Blend Surface（混接曲面）操作，得到如图6-2-24（b）所示效果。

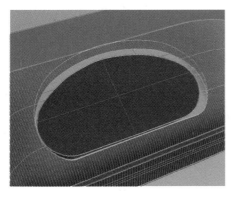
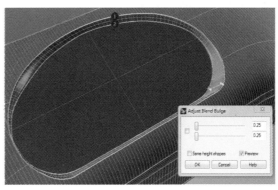

图6-2-24（a）　　　　　　　　　　　　　　　图6-2-24（b）

Step4：仪表盘周边修饰。在 Top 视图中用之前与 Blend Curve（曲线混接）画出如图6-6-25（a）所示黄线，用 Split（分割）打断面后进行倒角处理，得到如图6-6-25（b）所示的效果。

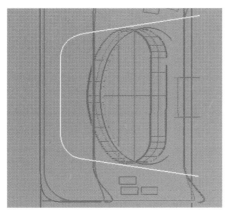
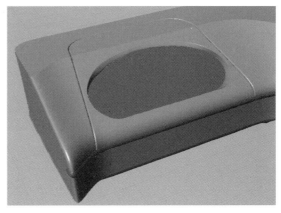

图6-2-25（a）　　　　　　　　　　　　　　　图6-2-25（b）

（3）翘板开关镶嵌。

Step1：翘板开关的镶嵌方法与仪表盘镶嵌类似，翘板开关挖空的边缘需要做倒角处理，效果如图6-2-26（a）和图6-2-26（b）所示。

图6-2-26（a）　　　　　　　　　　　　　　　图6-2-26（b）

（4）CD 盒、空调镶嵌。

Step1：CD 盒、空调的镶嵌方法与仪表盘镶嵌类似，需提取模块边线将其二维放大后将面进行 Trim（修剪）操作，最后将挖空边缘与模块上表面进行 Blend Surface（混接曲面）操作，得到如图 6-2-27（a）和图 6-2-27（b）及图 6-2-28 所示效果。

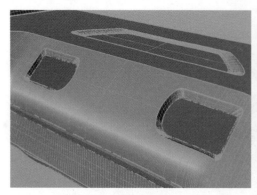

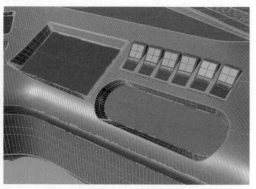

图 6-2-27（a）　　　　　　　　　　　　　　　图 6-2-27（b）

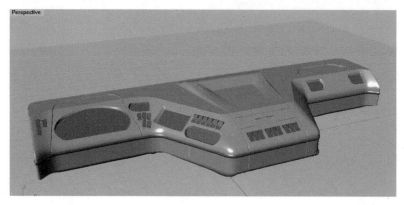

图 6-2-28

6.2.1.2　方向盘建模

Step1：首先，隐藏原有文件中所有图层。以（0，0）为中心在 Top 视图中画同方向盘大小相同的圆，再用 Circle Around Curve（垂直于曲线画圆）在所画的大圆上画方向盘粗细的小圆。在 Front 或 Right 视图中，画过（0，0）的一条直线作为下一步的旋转辅助线。用 Revolve（旋转工具）将小圆以辅助线为旋转轴，大圆的半径为旋转半径，旋转 360° 得到一个圆环（Start angle <0> (DeleteInput=No Deformable=No FullCircle AskForStartAngle=Yes): 360），如图 6-2-29（a）和图 6-2-29（b）所示。

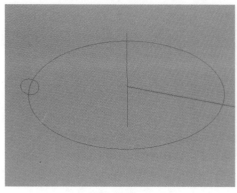

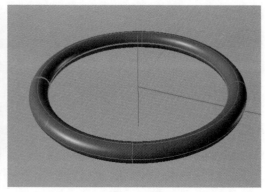

图 6-2-29（a）　　　　　　　　　　　　　　　图 6-2-29（b）

Step2：用经纬线成型法建面。在 Top 视图中用 Control Point Curve 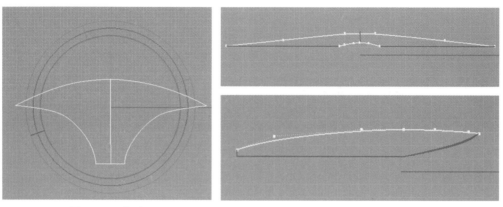（控制点曲线）画出如图 6-2-30（a）所示的左右对称的黄线（注意开启 End 捕捉，外轮廓线必须首尾相交，中线首尾也要在上下弧线上），并分别在 Front 和 Right 视图中 Control Pointer on（曲线控制点显示工具）曲线工具根据面的起伏调节上下弧线及中线弧度，如图 6-2-30（b）所示。

图 6-2-30（a）   图 6-2-30（b）

单击 Surface from Network of Curves （经纬线成形）依次点击如图 6-2-31（a）所示 D-A-B 三条纵向曲线，然后点击 A'-C 两条横向曲线，得到经纬线成型面，最后用 Mirro （镜像）以最初画的大圆所在平面为对称轴做轴对称操作，如图 6-2-31（b）所示。

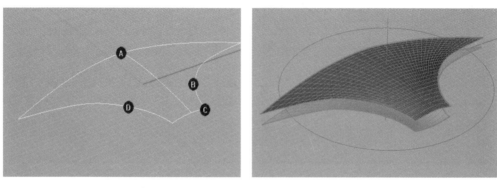

图 6-2-31（a）   图 6-2-31（b）

Step3：对两曲面进行 Blend Surface （混接曲面），如图 6-2-32 所示。若遇到用 Blend 操作建出的曲面不符合要求的情况，可以先混接曲线后用 Sweep 2 Rails （双轨扫掠）建面，最后用 Jion （结合）将所有面组合起来。

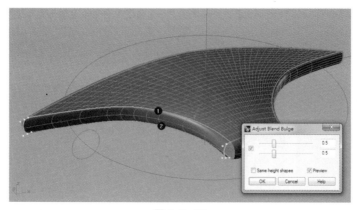

图 6-2- 32

Step4：用 Control Point Curve ⬚（控制点曲线）画出如图 6-2-33（a）和图 6-2-33（b）所示黄色曲线并用其分别对中间面及方向盘外圈进行 Trim ⬚（修剪）操作。

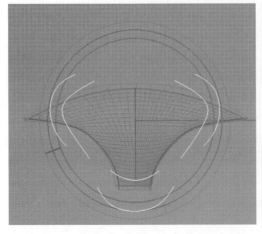 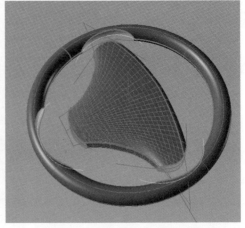

图 6-2-33（a）　　　　　　　　　　　　　　　　图 6-2-33（b）

Step5：用 Blend Surface ⬚（混接曲面）分别对三个位置的中间面与外圈进行 Blend 操作，并调节曲度，如图 6-2-34 所示。

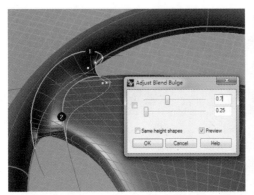 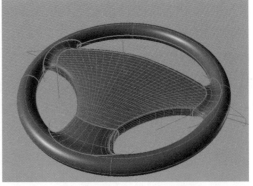

图 6-2-34

Step6：方向凸起建面。在 Top 视图中画出如图 6-2-35（a）所示曲线。并用其对方向盘外圈进行 Trim ⬚（修剪）操作。打开端点捕捉，用曲线工具画出如图 6-2-35（b）所示的两条曲线。用 Surface from Network of Curves ⬚（经纬线成形）依次点击横向三条曲线后再点击 A-C 曲线，得到如图 6-2-35（c）所示效果。最后对所建面进行 Mirror ⬚（镜像）。

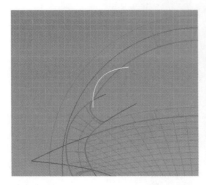 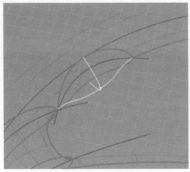 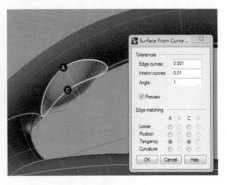

图 6-2-35（a）　　　　　　　　　图 6-2- 35（b）　　　　　　　　　图 6-2-35（c）

备注：

画经纬线成形的两条辅助曲线时，两条曲线必须在顶点处相交，为此，可以在画完第一条线时先打开 Mid 捕捉，用 Point ▫（加点工具）在曲线中点处加点，画第二条曲线是用 Inter polape points ▣（插入点曲线工具）过该点画曲线即可。

Step7：先将中间的 Explode ▨（整体炸裂），用如图 6-2-36（a）所示黄色曲线对面进行 Trim ▨（修剪）操作。在 Front 视图中将中间面进行升阶处理后进行 Blend Surface ▧（混接曲面）操作，如图 6-2-36（b）所示。

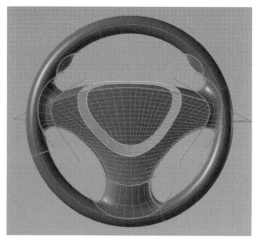

图 6-2-36（a）

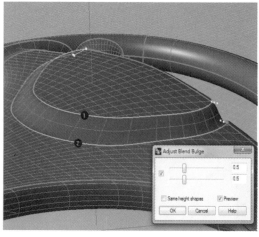

图 6-2-36（b）

在用 Patch 工具对背面进行补面前，先用 Show Edges ▨（边线检验工具）对需要补面的边线进行检验，若有未打断的执行，可用 Split ▨（切割）进行打断，如图 6-2-37（a）所示；依次单击各边缘，用 Patch ▨（补面）进行补面，如图 6-2-37（b）所示。

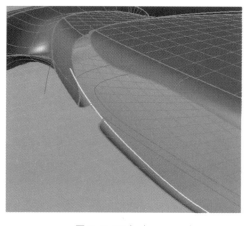

图 6-2-37（a）

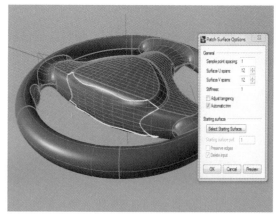

图 6-2-37（b）

Step8：选择如图 6-2-38（a）所示黄色区域后，点击▨按钮将其余部分隐藏，用挤出垂直面▨对如图 6-2-38（b）所示边缘线进行挤出并复制，用 Jion ▨（结合）将两面合并，用倒角▨对边缘线进行倒角处理；用 Swap Hidden and Visible Objects ▨（交换显示工具）显示隐藏部分，粘贴之前的挤出面，同样进行结合，倒角。

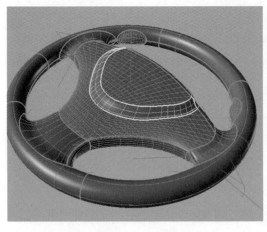
图6-2-38（a）

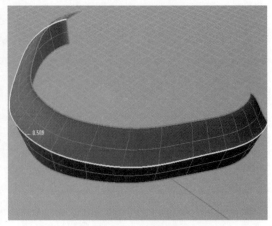
图6-2-38（b）

方向盘上车标的处理方法也采取相同操作，最终效果如图6-2-39（a）和图6-2-39（b）所示。

图6-2-39（a）

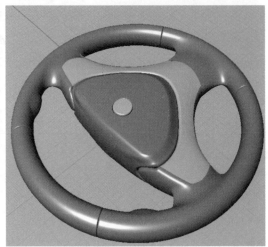
图6-2-39（b）

Step9：打开最初隐藏的所有图层，根据位置及倾斜角度用移动工具与旋转工具盒调整方向盘至如图6-2-40所示状态。

图6-2-40

Step10：方向盘连杆建模。用█（圆台）及█（圆柱）分别建立圆台及圆柱，其相对位置如图6-2-41（a）所示；用█（摘面工具）分别摘除圆台及圆柱的上下表面，用 Blend Surface █（混接曲面）进行曲面混接；Jion █（结合）三个曲面；用█（移动）和█（旋转工具）将其置于方向盘下适当位置，如图6-2-41（b）黄色部分所示。

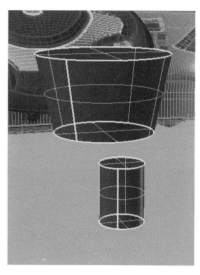
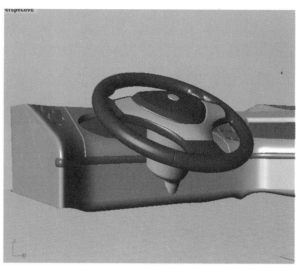

图6-2-41（a）　　　　　　　　　　　图6-2-41（b）

Step11：用 Object Intersection █（物件交集工具）提取方向盘连杆与主控制台之间相交线的曲线，如图6-2-42（a）所示；对主控制台进行 Trim █（修剪）操作，并作倒角，如图6-2-42（b）所示。

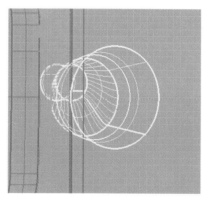

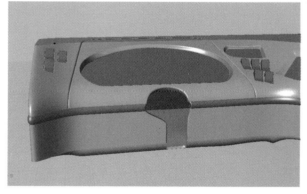

图6-2-42（a）　　　　　　　　　　　图6-2-42（b）

6.2.1.3　储物台建模

Step1：打开"neidi"图层，在 Top 视图中，根据内地轮廓及操作台轮廓画出如图6-2-43（a）所示的储物台轮廓；以该轮廓线为界线，用 Surface from Planar Curves █（平面曲线建面工具）建面；在 Front 视图中移动所建面至与控制台下底面重合为止；用 Extrude Surface █（挤出面工具）向下挤出面至与内地重合为止，如图6-2-43（b）所示。

Step2：将其他图层关闭。在 Front 视图中拦腰画一条直线将储物台 Split █（切割）成两半，如图6-2-44（a）。在 Top 视图中画出图6-2-44（b）所示外侧黄线，并用二维放缩█对其进行缩放至如图内侧黄线；用外侧黄线对上半面及上半侧面进行剪切 Trim █（修剪）操作。

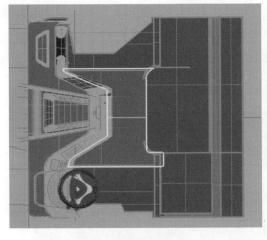 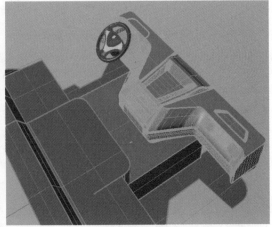

图 6-2-43（a）　　　　　　　　　　　　　图 6-2-43（b）

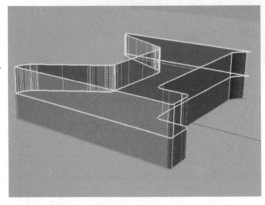 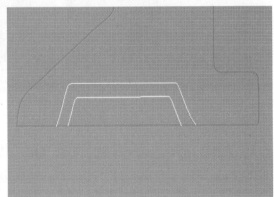

图 6-2-44（a）　　　　　　　　　　　　　图 6-2-44（b）

　　用加盖工具对下半部分进行加盖；Explode ✄（炸裂）下半部分，用内侧黄线对所加盖进行剪切得如图 6-2-45（a）所示；用 Blend Surface ▨（混接曲面）混接上下曲面，如图 6-2-45（b）所示；最后用 Split ▣（切割）和 Patch ◈（嵌面）结合使用将空隙处的面补满。

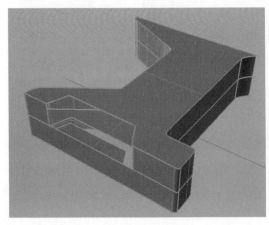 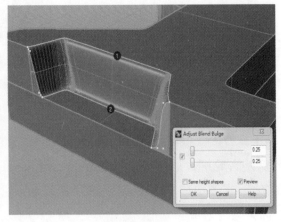

图 6-2-45（a）　　　　　　　　　　　　　图 6-2-45（b）

　　Step3：副驾驶座位置储物槽建模。如图 6-2-46（a）画出黄线所示曲线；用 Split ▣（切割）对上表面及侧面进行断裂，并对断裂处进行倒角处理，如图 6-2-46（b）所示。

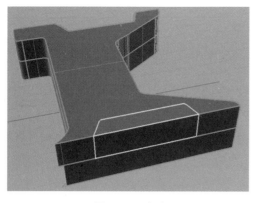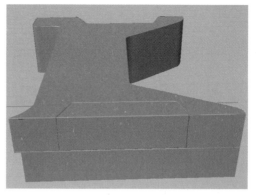

图 6-2-46（a）　　　　　　　　　　　　　图 6-2-46（b）

　　Step4：在 Top 视图中画如图 6-2-47（a）所示两个圆角矩形并 Trim 掉中间所夹部分，在 Front 视图中将中间小面做降面操作后再将两曲面用 Blend Surface（混接曲面）进行曲面混接；在 Top 视图中在圆角曲面旁边画如图 6-2-47（b）所示圆，对其进行 Trim ⬚（修剪）操作后用 Extrude Curve Normal to Surface ⬚（沿面的法线垂直挤出面）挤出面。

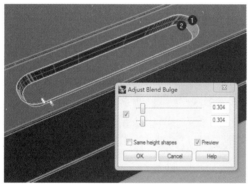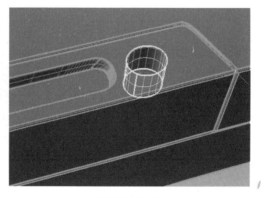

图 6-2-47（a）　　　　　　　　　　　　　图 6-2-47（b）

　　接着用 Surface from Planar Curves ⬚（以平面曲线建立曲面）。对圆筒底面补面，再对圆筒上下边进行倒角操作，如图 6-2-48（a）所示；最后效果如图 6-2-48（b）所示。

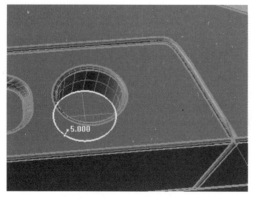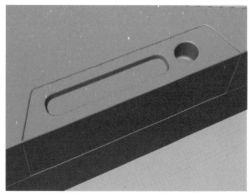

图 6-2-48（a）　　　　　　　　　　　　　图 6-2-48（b）

　　Step5：档位操作杆建模。在 Front 视图中画出如图 6-2-49（a）黄色曲线，用 Surface from Planar Curves ⬚（以平面曲线建立曲面）补全曲线内平面；在 Top 视图中用 Extrude Surface ⬚（挤出面工具）向右侧挤出面，如图 6-2-49（b）所示。

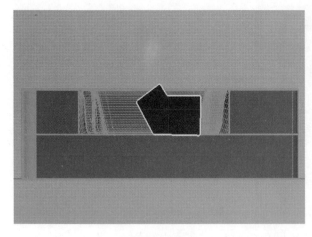

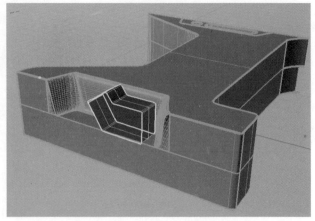

图6-2-49（a）　　　　　　　　　　　　　　　　图6-2-49（b）

　　在 Front 视图中画出如图黑色曲线与蓝色直线（蓝色曲线首尾分别交与黑色曲线上下端中点），用旋转🏆以图 6-2-50（a）中蓝色直线为旋转轴，对黑色曲线进行 360° 旋转，得见图 6-2-50（b）；在Top 视图中，用一维放缩▯对操作杆进行压缩操作，使之变扁平，见图 6-2-50（c）。

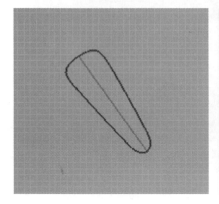

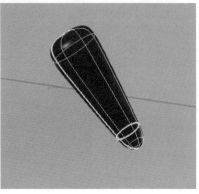

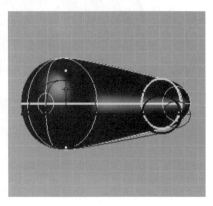

图6-2-50（a）　　　　　　　　图6-2-50（b）　　　　　　　　图6-2-50（c）

最后得到如图 6-2-51 所示的效果。

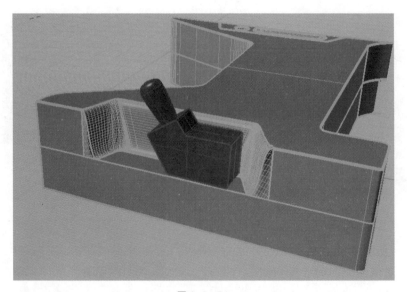

图6-2-51

6.2.1.4 椅子建模（T-Splines 软体建模实例）

Step1：在工具栏 ToolsTools Layout 中选中 T-Splines（需安装 T-Splines for Rhino 插件）中的 Container 工具复选框，如图 6-2-52（a）所示，弹出一个新的工具条，用 Box 建立盒子，其中命令栏设置如下（LengthSections=4 WidthSections=4 HeightSections=2），得如图 6-2-52（b）所示效果。

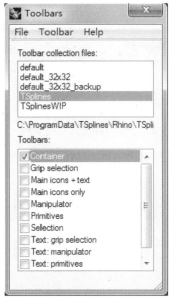

图 6-2-52（a）

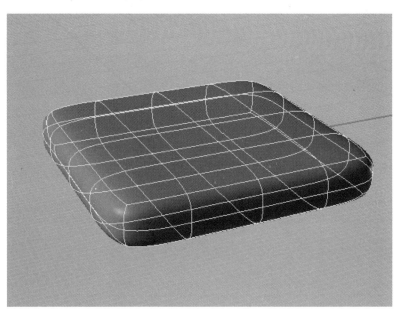

图 6-2-52（b）

Step2：用 Control Point On （开启控制点）打开所建面的控制点，并同时选中如图 6-2-53（a）所示的四个控制点，用 Translate （变换工具）在 Z 轴方向上向上拉伸。另外选择如图 6-2-53（b）所示 9 个可控点用 Translate 在 X 轴方向上对椅面前边缘进行调节，使其更加圆润。

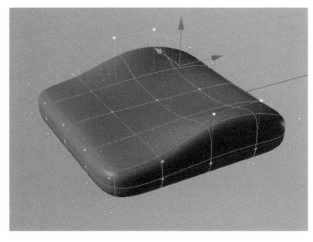

图 6-2-53（a）

图 6-2-53（b）

选中椅面中间点，用 Translate （变换工具）将该点在 Z 轴方向向下拉伸，使椅面凹陷，如图 6-2-54（a）所示。最后用同样的方法调节椅面后部，使其也微微下陷，以更符合人机工程要求，如图 6-2-54（b）所示。

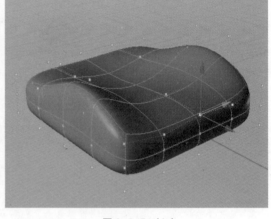

图 6-2-54（a）　　　　　　　　　　　　　　　图 6-2-54（b）

Step3：右击 Convert from T-Spline to Surf or Polysurf ▣将该面进行 NURBS 转化，如图 6-2-55（a）和图 6-2-55（b）所示。用▣提取面提取椅子上表面，右击 Split ▣（切割）将提取面在两条 ISO 线处打断。

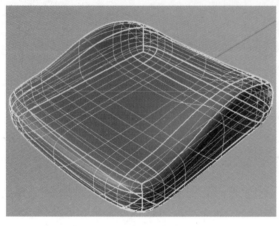

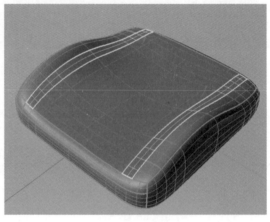

图 6-2-55（a）　　　　　　　　　　　　　　　图 6-2-55（b）

Step4：在 Top 视图中选中如图 6-2-56（a）所示断面处的若干点（红色图层和蓝色图层的点都必须选择，以保证在做上下拉伸的时候面不发生断层），用 Translate ▣（变换工具）在 Z 轴方向上将选中点向下拉伸，得如图 6-2-56（b）所示效果，作为椅面缝合的凹槽。

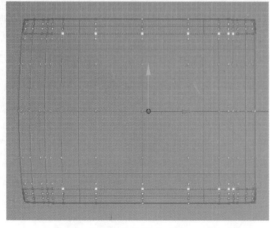

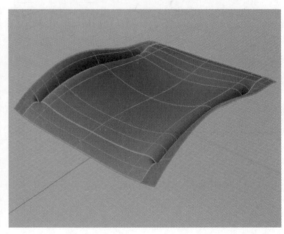

图 6-2-56（a）　　　　　　　　　　　　　　　图 6-2-56（b）

Step5：用 Step4 中的方法作出横向的缝合凹槽，如图 6-2-57（a）和图 6-2-57（b）所示。

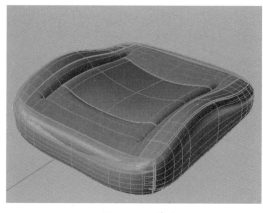

图 6-2-57（a）

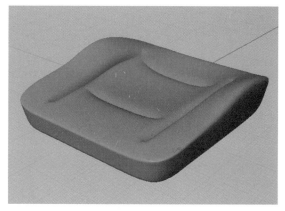

图 6-2-57（b）

Step6：用做椅面相同的方法分别做椅背和头枕，如图 6-2-58（a）、图 6-2-58（b）及图 6-2-59（a）、图 6-2-59（b）所示。

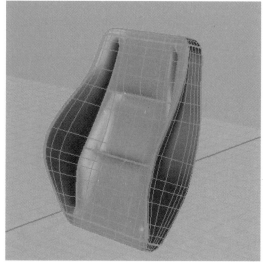

图 6-2-58（a）

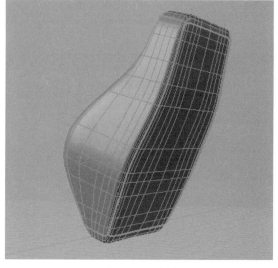

图 6-2-58（b）

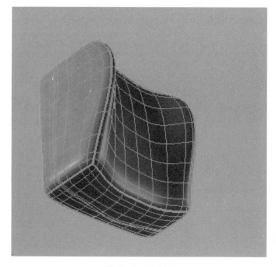

图 6-2-59（a）

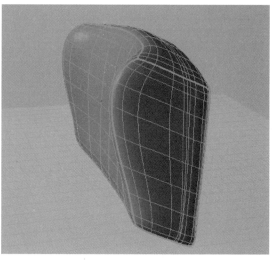

图 6-2-59（b）

Step7：底座建模。在 Top 视图中用 Rounded Dectangle ▢（矩形工具）画出如图 6-2-60 所示圆角矩形，并将其沿 Z 轴拉伸。

图 6-2-60

Step8：在 Right 视图中画出如图 6-2-61（a）所示圆角矩形，并将其沿 X 轴拉伸成如图 6-2-61（b）所示。

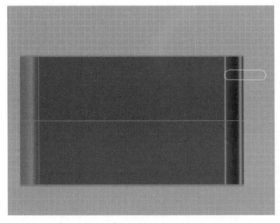

图 6-2-61（a）

图 6-2-61（b）

Step9：在 Right 视图中将拉伸所得小长片复制粘贴成如图 6-2-62（a）及图 6-2-62（b）所示。

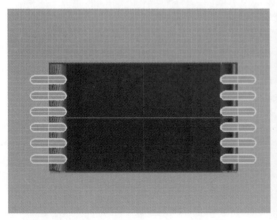

图 6-2-62（a）

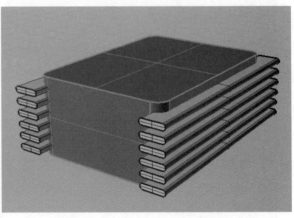

图 6-2-62（b）

Step10：单击 Boolean Difference ◉（布尔运算差集），首先选择中间主题部分，确定之后，再选择两侧浅灰色栅栏片，确定，得如图 6-2-63 所示效果。

Step11：打开椅子图层，调节椅座和椅子的相对位置，将其安置于驾驶座位置，并复制移动得副驾驶座位置座位，如图 6-2-64 所示。

图 6-2-63

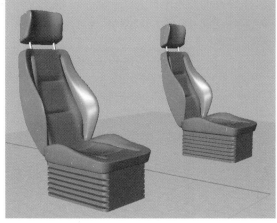

图 6-2-64

6.2.2 车内饰渲染

6.2.2.1 渲染基本设置

Step1：在 3dsmax 中用 Power Nurbs 插件导入并指定 Vray 渲染器。在工具栏中单击 Render Setup ▦（渲染设置），弹出如图 6-2-65 所示对话框，在 Common 面板中拖动右侧滑动条，在最后的 Assign Renderer 标签下指定 Production（产品渲染器）为 Vray Adv 2.00.02，指定 ActiveShade（实时影像渲染器）为 Vray RT 2.00.02。

图 6-2-65

备注：

实时影像渲染可以使用户在调节设置参数的同时，同步看到渲染效果图。

Step2：全局光设置。在指定 Vray 渲染器后对话框中出现 Vray 面板，进入 Vray 面板进行光线设置。在 Vray Global switches 标签下，将 Default lights（默认灯光）后的下拉菜单框内选为"off"，如图6-2-66 所示。

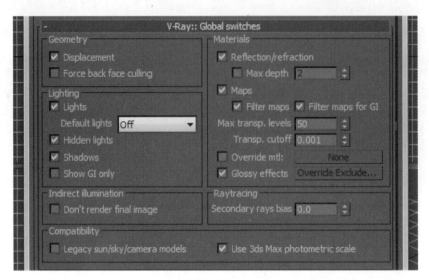

图 6-2-66

备注：

Vray 默认打开了两盏泛光灯（一盏主光，一盏辅助光源，这样的光线布置在摄影棚中较为常用），为了不影响此后模拟自然环境光照的效果，在此将两盏默认灯光关闭。

Step3：天光设置。仍然在 Vray 面板中，拖动右侧滑动条，在 Vray：Environment 标签下打开 GI Environment（skylight）override，即天光渲染。模拟环境光的光照，渲染效果会较自然，见图 6-2-67。

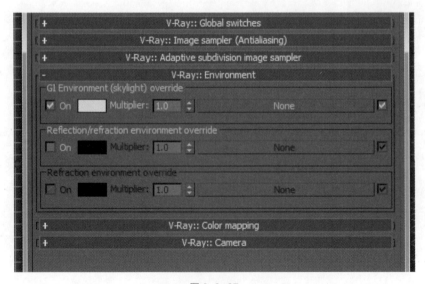

图 6-2-67

> **备注:**
>
> "On"后的颜色框表示天光的颜色，可根据需要进行调节，使得环境光模拟的效果更加自然。

Step4：打开间接光照。在 Indirect illumination 间接光照面板中的 Vray：Indirect illumination（GI）标签下，打开间接光照；在 Vray：Irradiance map 中将 Current preset 即精度调为 Very low，如图 6-2-68 所示。

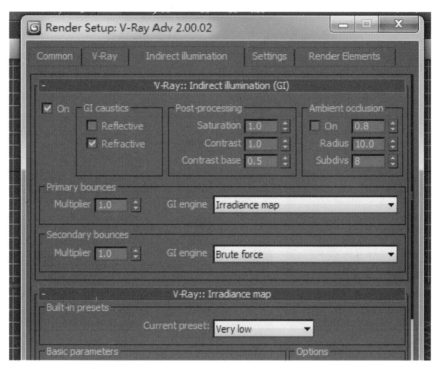

图 6-2-68

> **备注:**
>
> 间接光照即光线的二次反弹。若不开启，则物体背光面会一片死黑。在渲染过程中对效果精度不是很高，因此将其精度设置为 Very Low 可以加快渲染速度，在出最终效果图时通常将其调为 High 或以上。

6.2.2.2 贴图

1.CD 盒贴图

Step1：导入需要贴图的部分。在 Rhino 3D 中，单击菜单栏中 File—Export selected，选择嵌入主控制台的 CD，按回车确定，保存导出部分，如图 6-2-69（a）所示。打开 3ds max 2010，完成渲染基本设置后在左上角的 3D 图标⑥下单击 Import，选择上一步导出的 Rhino 3D 文件，打开，得如图 6-2-69（b）所示。

Step2：材质基本设置。在工具栏中单击 Material Editor ⊛（材质编辑器），打开材质编辑对话框，对第一个材质球进行重命名，并单击其右侧的 Standard 按钮，弹出新的对话框，选择 VrayMtl，如图 6-2-70（a）所示；单击 Basic Parameters 标签下的 Diffuse 颜色框，对材质球的固有色进行调节，如图

图 6-2-69（a）   图 6-2-69（b）

6-2-70（b）；单击材质球下方工具栏中的 Assign Material to Selection 物体（赋材质按钮），进行赋材质操作。

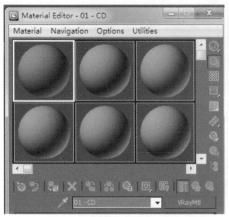
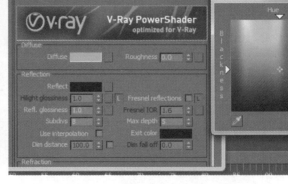

图 6-2-70（a）   图 6-2-70（b）

Step3：贴图基本设置。向下拖动右下侧滑动条，打开 Maps 标签，单击 Diffuse 后的按钮，在弹出的新对话框中选择 Bitmap，并根据提示打开所需贴图文件；单击材质球下方工具栏中的 Show standard map in viewpoint （在视图中显示标准材质），则在物体上显示贴图，如图 6-2-71 所示。

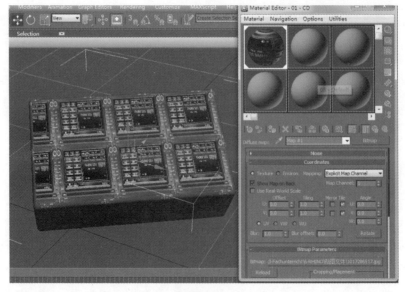

图 6-2-71

备注：

在 3dmax2010 中，不是任意位置的贴图都可使用，贴图文件需要保存在 C:\Program Files\Autodesk\3ds Max 2010\maps 目录下才可进行正确贴图，也可直接拖动贴图文件至 Diffuse 后的按钮中，完成贴图基本操作。

Step4：调节贴图。在右侧的基本设置中进入 Modify 面板，打开下拉菜单，选择 UVW Map，则物体上贴图如图 6-2-72 所示。

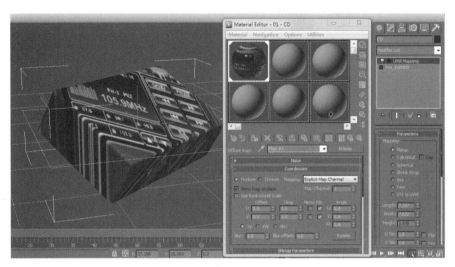

图 6-2-72

分别在材质编辑对话框中的 Coordinates 标签下和基本设置对话框中的 Parameters 标签下对贴图的大小、位置及方向进行调节，如图 6-2-73 所示。

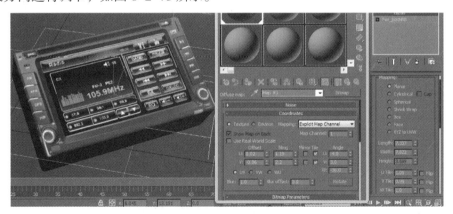

图 6-2-73

备注：

材质编辑对话框中的 Coordinates 标签下的 Offset 调节的是贴图在 U、V 方向上的位置，Tiling 调节的是贴图的大小，数值越大，贴图越小，Tile 复选框选择是否需要贴图重复，Angle 则是调节贴图在 UVW 三个方向上的角度，可以根据需要进行不同的调节。

下拉基本设置对话框中的 Parameters 标签下的滑动条，在 Alignment 校准框内可选择贴图与 X、Y、Z 轴中的方向对齐，并 Fit 即适配贴图。

2. 仪表盘及空调出风口贴图

Step1：仪表盘贴图。贴图的基本方法与 CD 贴图类似，需要注意的是，在基本设置面板中，点开 UVW Mapping 前的"+"号，出现如图 6-2-74（a）深绿色显示的 Gizmo 选项，点击出现如图 6-2-74（b）所示的彩色坐标系，直接拖动坐标系 X、Y、Z 轴，就可调节贴图位置，比单独调节数字更直观更方便。

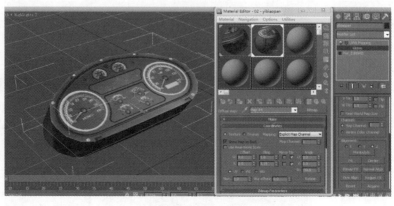

图 6-2-74（a）　　　　　　　　　　　　　　　图 6-2-74（b）

Step2：空调出风口贴图。贴图的基本方法与 CD 贴图类似，需要注意的是左右两侧的出风口在 Photoshop 中做好镜像，保存两个文件再贴图比在 3ds max 中调节方便快捷得多，另外，三个空调出风口需要单独使用不同的材质球贴图，否则会相互影响。最终效果如图 6-2-75 所示。

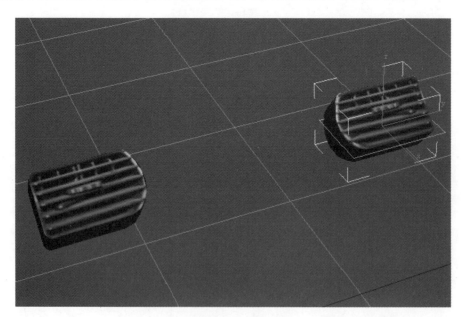

图 6-2-75

6.2.2.3　材质渲染

1. 主控制台渲染

Step1：导入主控制台。在 Rhino 3D 中，单击菜单栏中 File—Export selected，选择嵌入主控制台，按回车确定，保存导出部分。打开 3ds max 2010，在左上角的 3D 图标 下单击 Import，选择上一步导出的 Rhino 3D 文件并打开。

Step2：材质基本设置。在工具栏中单击 Material Editor 🔲（材质编辑器），打开材质编辑对话框，对一个新的材质球进行重命名，并单击其右侧的 Standard 按钮，弹出新的对话框，选择 VRayMtl；单击 Basic Parameters 标签下的 Diffuse 颜色框，对材质球的固有色、反射值、折射值进行调节，见图 6-2-76；单击材质球下方工具栏中的 Assign Material to Selection 🔲（对物体赋材质按钮），进行赋材质操作（参考数值：Refl. Glossiness0.855；Subdivs12；Fresnel reflections 勾选；Fresnel IOR2.0）。

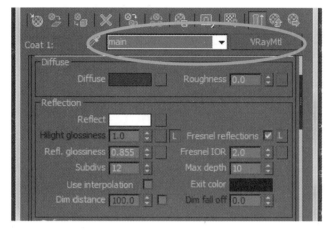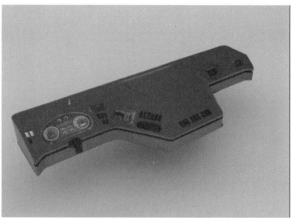

图 6-2-76

2. 翘板开关渲染

Step1：与主控制台渲染采取相同步骤，效果如图 6-2-77 所示。参考数值为（Diffuse 黑色；Reflect 浅灰；Refl. Glossiness 0.76；Subdivs 30；Fresnel reflections 勾选；Fresnel IOR 5.0；Max depth 10）。

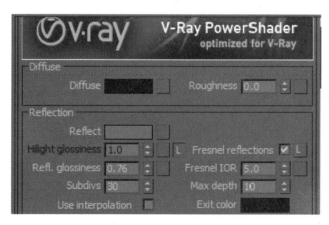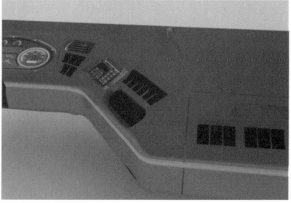

图 6-2-77

3. 红桃木嵌入条渲染

Step1：从 Rhino 3D 文件中导入内嵌条。

Step2：用贴图文件对对象赋予特殊材质。编辑新的材质球，单击 Standard 按钮，选择 VRayMtl；单击 Basic Parameters 标签下的 Diffuse 颜色框旁的方形按钮，弹出新的对话框，选择 Bitmap，在路径 C：\\Program Files\Autodesk\3ds max 2010\maps\Wood 下找到需要的木质类型，单击确定，完成材质赋予，如图 6-2-78 所示。

图 6-2-78

4. 方向盘渲染

方向盘的材质共分为三个部分：一是手握部分的皮革材质；二是标志的金属材质；三是主控台一样的基材质，如图 6-2-79 所示。

Step1：从 Rhino 3D 文件中导入方向盘，选中与主控台相同材质的部分，点击主控台材质球并对选中部分进行材质赋予。

Step2：标志的金属材质。编辑新的材质球，单击 Standard 按钮，选择 VRayMtl；更改 Diffuse 和 Reflect 的颜色，将 Refl.glossiness 值改为 0.74Subdivs 改为 30，勾选 Fresnel reflections，将 Fresnel IOR 值改为 20.0，如图 6-2-80 所示。

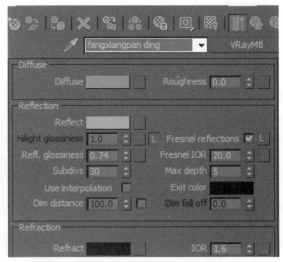

图 6-2-79　　　　　　　　　　　　　　　　　图 6-2-80

Step3：手握部分皮革材质。编辑新的材质球，单击 Standard 按钮，选择 VrayMtl；更改 Diffuse 颜色，并单击颜色框后凸起按钮，在弹出对话框中选择 Bitmap，在 Bitmap Parameters 标签的 Bitmap 中选择 LG_025_d 材质图（需要将附件中的材质贴图保存至路径 C：\Program Files\Autodesk\3ds Max 2010\maps 下），如图 6-2-81 所示。

Step4：单击 Go to parent 回到上一层，在 Reflection 框中对各参数进行编辑，单击 Reflect 颜色框后的凸起按钮将 Refl.glossiness 值改为 0.6，Subdivss 值改为 30，打开 Fresnel reflections，并将 Fresnel IOR

改为 2.1，如图 6-2-82 所示。

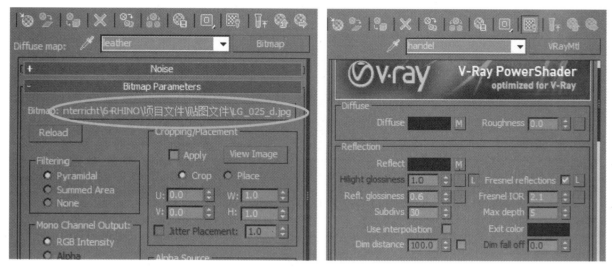

图 6-2-81

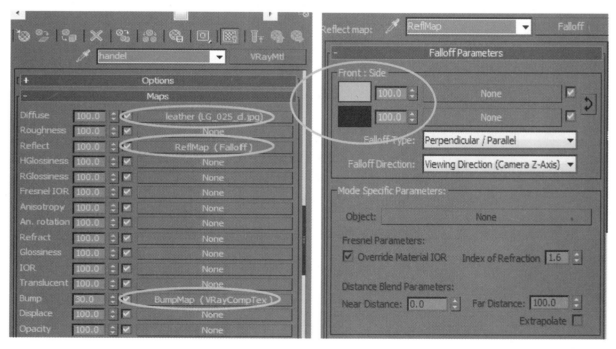

图 6-2-82

Step5：在 Maps 选项卡下，需要更改三个设置，首先单击 Diffuse 后的凸起框，在次级菜单中设置为 Bitmap 模式并选择 leather（LG_025_d.jpg）文件作为贴图文件，其次单击 Reflect 后的凸起框，在次级菜单中设置为 Falloff 模式，分别单击两个颜色框并调节其颜色（分别为 R：179；G：164；B：135 和 R：10；G：10；B：10；），最后单击 Bump 后的凸起框，在次级菜单中选为 VrayCompTex 模式，各项设置如图 6-2-83 所示。

5. 储物台渲染、椅子渲染

方法步骤同上，参数如下所示：

（1）储物台参数：点击 Diffuse 与 Reflect 后的凸起方块，在弹出对话框中均选为 Bitmap，并在贴图库中查找选择一种合适的灰色布纹材料，Refl. Glossiness 值调为 0.22 打开 Fresnel reflections，并将其 IOR 数值调为 4.2，Max depth 数值调为 3，储物台三维模型及参数如图 6-2-84 所示。

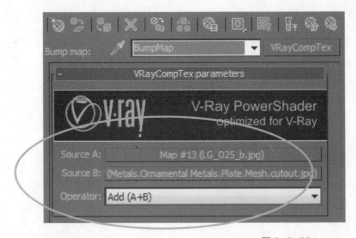
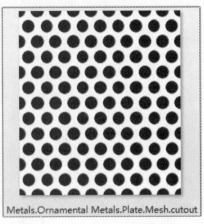

图 6-2-83

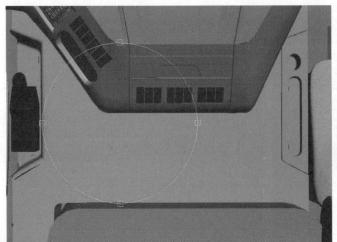

图 6-2-84

（2）椅子参数：椅面参数与方向盘把手处参数相同，详细见把手参数设置，椅子三维模型如图 6-2-85 所示；椅子基座参数与翘板开关参数设置相同，详见翘班开关参数设置。

6. 地面渲染

Step1：在如图所示 3ds max 的基本设置面板中找到 Geometry，在图 6-2-86（a）所示下拉菜单中选择 Vray，并点击 VrayPlane 按钮，在顶视图中画地面，如图 6-2-86（b）所示。

Step2：地面参数设置。如图 6-2-87 所示，Diffuse 调为浅蓝色，Reflect 调为深灰色，Refl.glossiness 数值调为 0.9。

图 6-2-85

图6-2-86（a）

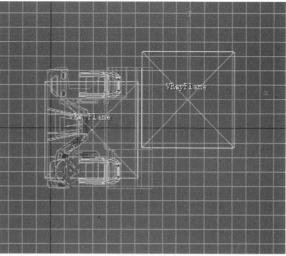

图6-2-86（b）

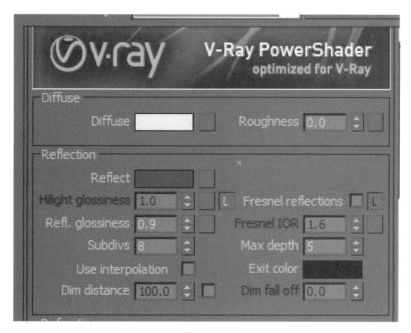

图6-2-87

6.2.2.4 环境光设置

Step1：打开 Render Setup，在 Vray 面板中的 Vray：Environment 中，单击 GI Environment（skylight）override 中的长方形凸起框，在弹出面板中选择 VrayHdri；打开下栏的 Reflection/refaraction environment override，并左击按住上栏凸起长方形，将其拖入此栏空白长方形中，在弹出对话框中选择 Instance；同时，将上栏凸起长方形长按拖入一空白材质球，在弹出对话框中选择 Instance，如图6-2-88（a）所示。

Step2：如图6-2-88（b）所示，在材料编辑器中，点击 Bitmap 后的 Browse 按钮，选择一张合适的环境贴图，在 Mapping 栏中的 Mapping type 的下拉菜单中选择 Spherical（球形贴图），并调节 Processing 栏目汇总的各项参数，一般在1.2~1.5之间（调节的是整体亮度），Gamma 值调节的是灰度，具体可根据渲染情况自行设置参数，此处 Overall mult 为1.2，Gamma 为2.5；Render mult 为1.5。

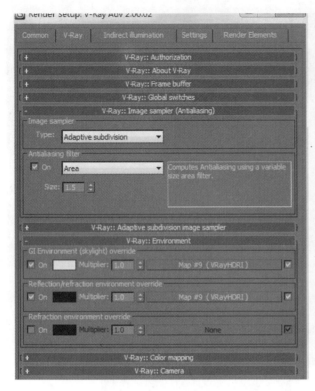

图 6-2-88 (a)　　　　　　　　　　　　　　　图 6-2-88 (b)

6.2.2.5　出图设置

Step1：调好模型角度，在不调节任何参数的情况下，可点击 Render Setup 右下角的 Render 按钮，对模型进行初步渲染，此时出的图较小，出图时间较短，用来查看模型角度，各材质及环境光效果，根据此图可初步调节材质编辑器中各参数。

Step2：在根据小图调节各参数后，进行大图出图，首先打开 Render Setup，在 Common 选项卡下的 Common Parameters 标签下的 Output Size 栏中，设置出图大小，此处设置为 Width：2560，Hight：1920；其次在 Indirect illumination 选项卡中的 Vray：Irradiance map 标签下的 Built-in Precets 中的下拉菜单中，选为 High/ High-annimation/Very high；最后点击对话框右下角的 Render 进行出图，如图 6-2-89 所示。

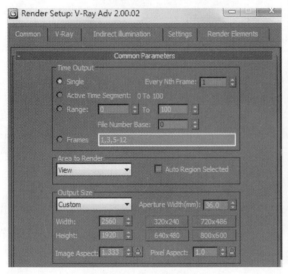

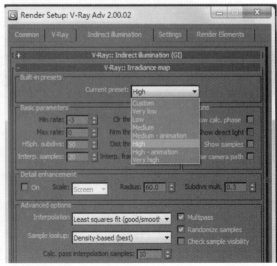

图 6-2-89 (a)　　　　　　　　　　　　　　　图 6-2-89 (b)

6.2.2.6　最终效果图

最终效果图如图 6-2-90 ~ 图 6-2-92 所示。

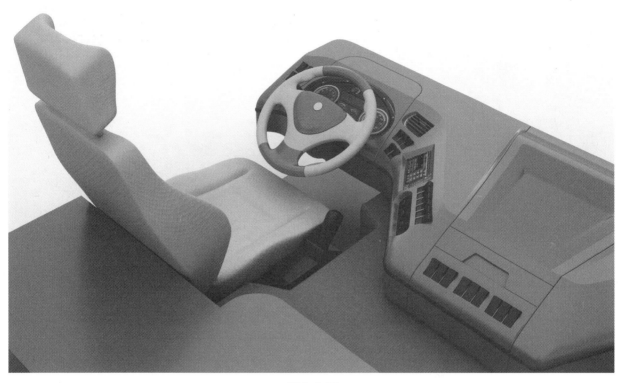

图 6-2-90

图 6-2-91

图 6-2-92

思考题

1. 走出教室仔细观看并思考路边停靠的卡车，并用计算机画出来。

2. 根据本章实例方向盘的画法，举一反三自己设计并用计算机绘制一款方向盘。

3. 根据本章实例座椅的画法，找一款汽车座椅，根据三视图或照片用计算机将其描绘出来。

第7章
Chapter7

法拉利跑车建模

7.1　简介

　　Enzo 法拉利是为了纪念法拉利的创始人恩佐·法拉利而设计命名的，以它最独有的外貌和从一级方程式赛车处直接借鉴的空气动力学效应，被倾心塑造成只为速度而存在的汽车。车头、车侧部分也有着类似鱼鳃般的巨大导风入口，它们可提供发动机充足的空气并使制动系统保持良好的冷却效果，这是典型的造型与功能结合的优雅设计。前车灯融合于前翼子板上，在其后端布置有后视镜。法拉利车门并没有采用时下跑车流行的刀剪（铡刀）式设计，而改用更罕见的鸥翼式上掀设计。因此 Enzo 法拉利独特的外型造就了它那无与伦比的空气动力性能。本章我们根据照片、三视图（图 7-1-1 ～图 7-1-3）将其外观画出来。

图 7-1-1　Enzo 法拉利照片

图 7-1-2　Enzo 法拉利彩色照片三视图

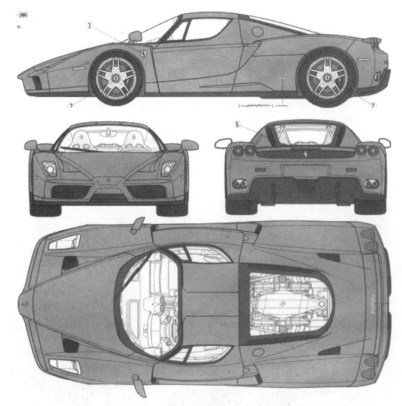

图 7-1-3　Enzo 法拉利黑白三视尺寸图

7.2　分析模型，设置背景图

Step1：分析模型，将车前脸和尾部进行曲面分析，确定模型各曲面之间的关系（如图 7-2-1 所示）。

Step2：打开犀牛软件，出现四个视图的初始工作界面（如图7-2-2所示）。

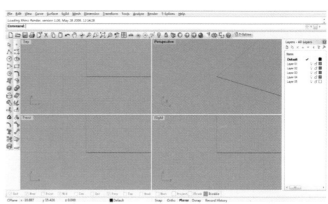

图7-2-1

图7-2-2

Step3：为了方便作图，再加一个left视图。新增工作视窗，设置成left视图（如图7-2-3所示）。

Step4：鼠标指到视图"Top"，右键单击Top–背景图–放置，导入素材图"top.jpg"（如图7-2-4所示）。

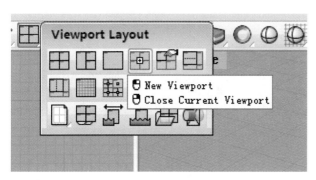

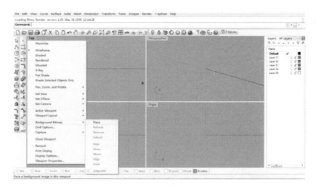

图7-2-3

图7-2-4

Step5：再按照上述方法，分别在front视图、left视图、right视图中导入素材"front.jpg"、"left.jpg"、"right.jpg"（如图7-2-5所示）。

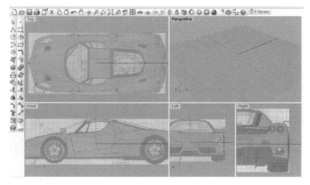

图7-2-5

7.3　车身主面建模

Step1：在Top视图中，开启平面模式，用Control Point Curve ⬚（控制点曲线）作出车侧面上沿曲线（如图7-3-1所示）。

Step2：切换至 Front 视图，开启曲线控制点，关闭锁定格点，沿着车的侧面上沿调整曲线（如图7-3-2 所示）。

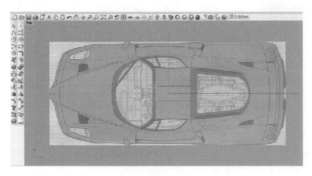

图 7-3-1

图 7-3-2

Step3：再用同样的方法作出车侧面下沿的曲线（如图 7-3-3 所示）。

Step4：切换至 Left 视图，开启物件锁点中的最近点，开启平面模式，用 Control Point Curve ⬚（控制点曲线）在两条线之间做截面线。确保截面线和两条线相交（如图 7-3-4 所示）。

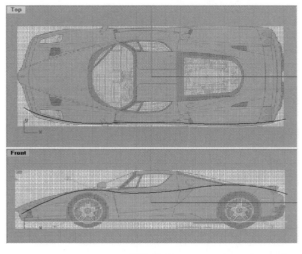

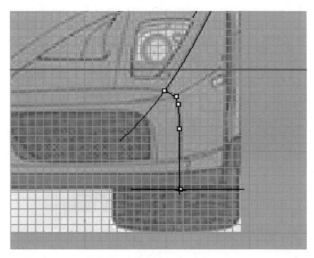

图 7-3-3

图 7-3-4

Step5：根据侧面的起伏变化作出四条截面线，并调整控制点（如图 7-3-5 和图 7-3-6 所示）。

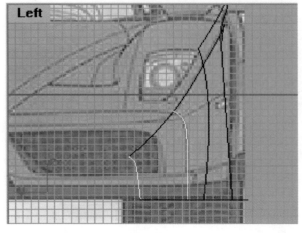

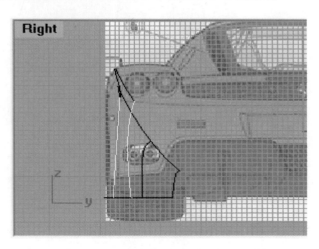

图 7-3-5

图 7-3-6

Step6：切换至透视图，更换图层，用 Sweep 2 Rails 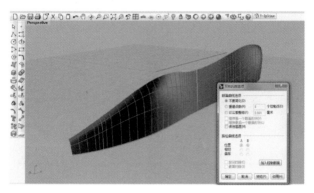（双轨扫掠）作出车的侧面（如图 7-3-7 所示）。

图 7-3-7

Step7：车前盖和后盖可以先当成一个整体的面。用 Control Point Curve （控制点曲线）作出轮廓线，再开启 Control Points on （控制点），在视图中调整（如图 7-3-8 所示）。

Step8：切换至 Left 视图，用 Mirror （镜像），指令框中输入（0，0），将曲线沿坐标轴垂直镜像复制一次（如图 7-3-9 所示）。

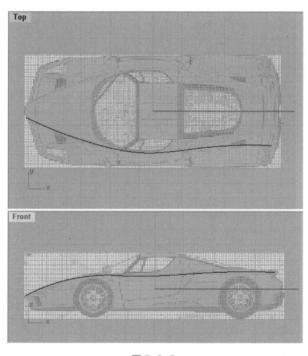

图 7-3-8

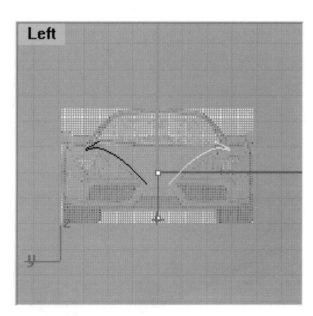

图 7-3-9

Step9：根据曲面的起伏，作出三条截面曲线。确保截面线与两条轮廓线相交（如图 7-3-10 所示）。

Step10：在透视图中，用 Sweep 2 Rails （双轨扫掠）作出曲面（如图 7-3-11 所示）。

Step11：点抽取侧面 ISO 线，开启最近点，在背景图前车脸接缝处抽取 ISO 线（如图 7-3-12 所示）。

Step12：开启控制点，在 Top 视图中调整曲线，保持 y 轴坐标不变，使这根空间曲线在 Front 视图中与背景图接缝处重合（如图 7-3-13 所示）。

Step13：用 Trim （修剪），在 Front 视图中剪掉车侧面曲面多余部分（如图 7-3-14 所示）。

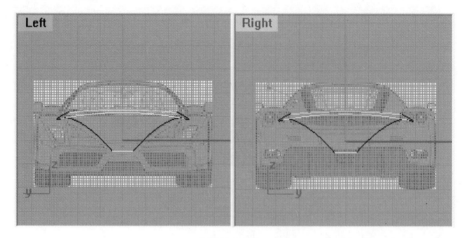

图 7-3-10

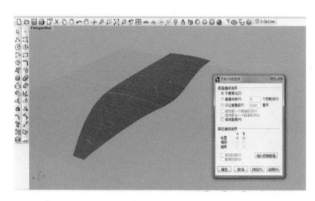

图 7-3-11

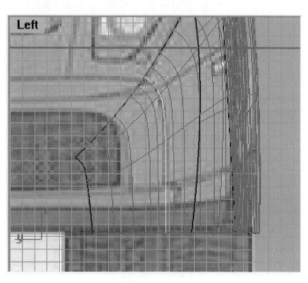

图 7-3-12

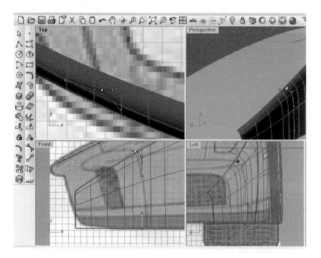

图 7-3-13

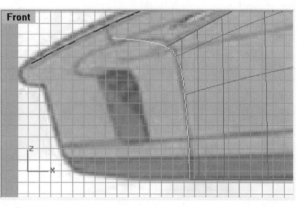

图 7-3-14

Step14：在 Top 视图中，用 Polyline（多重直线）沿背景图画一条直线。在 Left 视图中，调整直线位置，使之与车前脸边缘重合（如图 7-3-15、图 7-3-16 所示）。

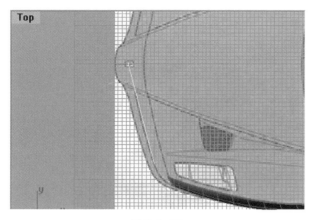

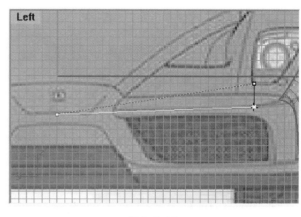

图 7-3-15　　　　　　　　　　　　　　　　　　图 7-3-16

Step15：在透视图中，用 Blend Curves [图]（混接曲线工具），选中直线和曲面上边末端，连接成空间曲线（如图 7-3-17 所示）。

Step16：在 Top 视图中，用 Polyline [图]（多重直线）作一条直线。切换至 Left 视图，开启端点捕捉和智慧轨迹，用 Move [图]（移动工具）将直线移至和曲面下边沿平行位置复制（如图 7-3-18 所示）。

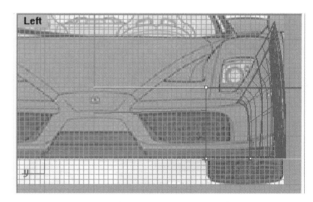

图 7-3-17　　　　　　　　　　　　　　　　　　图 7-3-18

Step17：用 Duplicate edge [图]（复制边缘工具），提取下侧面下边曲线。隐藏曲面，点击 Refit [图]（整修曲线工具），点曲线再回车，在指令框中输入 0.1 再回车，减少曲线的控制点（如图 7-3-19、图 7-3-20 所示）。

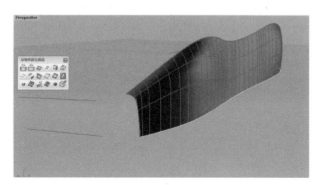

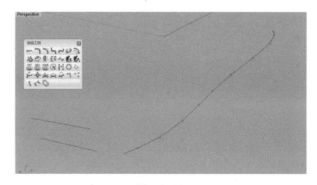

图 7-3-19　　　　　　　　　　　　　　　　　　图 7-3-20

Step18：用 Match Curve [图]（衔接工具），分别点曲线和直线最近端，弹出设置框设置如图 7-3-21 所示。

Step19：用 Duplicate edge 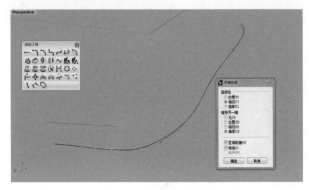（复制边缘工具）提取侧面上边缘曲线，隐藏曲面，将上边三段曲线 Join 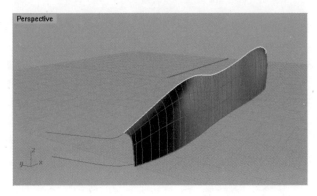（组合）起来（如图 7-3-22、图 7-3-23 所示）。

图 7-3-21

图 7-3-22

Step20：从默认图层中提出原来的截面线。开启端点捕捉，再用 Polyline 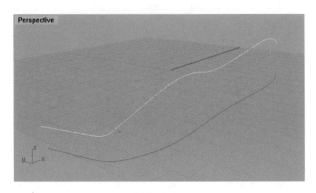（多重直线）将两根曲线前端连起来。调出原曲面，点工具 ，在曲面中抽取几根 ISO 线，删除原曲面。然后再用 Sweep 2 Rails （双轨扫掠）重新作出曲面（如图 7-3-24 ~ 图 7-3-26 所示）。

图 7-3-23

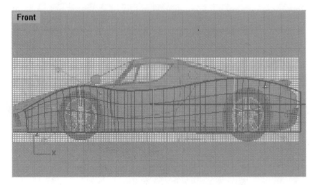

图 7-3-24

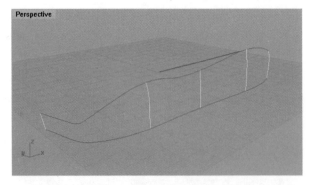

图 7-3-25

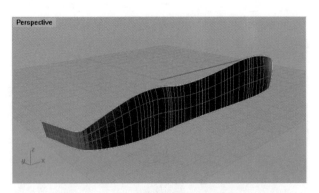

图 7-3-26

Step21：调出原侧面上沿曲线，打开 Control Points on （控制点）。在 Top 视图中，依据背景图车的侧翼上沿棱线，调整曲线控制点。注意：移动控制点时，按住 Shift 键，并且只能沿纵坐标移动（如图 7-3-27 所示）。

Step22：开启最近点，将曲线的前端点与侧面边缘相交。再调整控制点，使之平滑（如图 7-3-28 所示）。

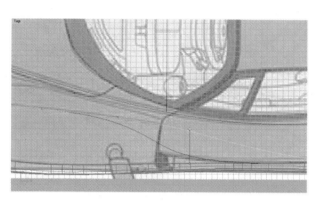

图 7-3-27

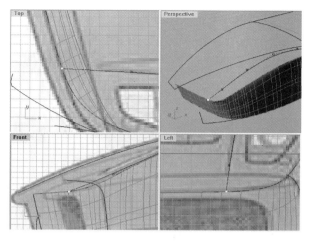

图 7-3-28

Step23：将曲线改变图层，切换至 Top 视图，用 Control Point Curve ⬚（控制点曲线）在如图位置画截面线。注意：开启最近点，按住 Shift 键，保持前后端点与两条曲线相交，曲线中间要多点一个点（如图 7-3-29、图 7-3-30 所示）。

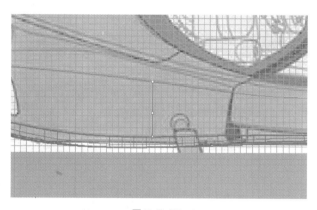

图 7-3-29

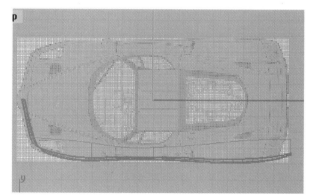

图 7-3-30

Step24：然后开启控制点，切换至 Left 视图。如图，按住 Shift 键，稍微调整下曲线的弧度（如图7-3-31 所示）。

Step25：还有一根车灯附近的截面线，要沿着 Left 视图中背景图的 ISO 线来画（如图 7-3-32 所示）。

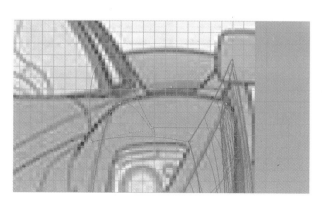

图 7-3-31

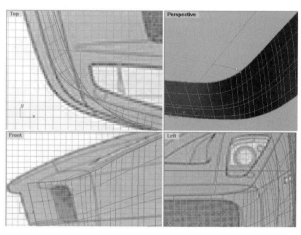

图 7-3-32

Step26：用 Sweep 2 Rails（双轨扫掠），以侧面上沿曲线和新曲线为路径，截面曲线和两路径交点为断面曲线，作出曲面（如图 7-3-33 所示）。

Step27：用 Insert a Control Point（插入节点工具），在如图与侧面相接位置，给新建曲面增加 ISO 线（如图 7-3-34 所示）。

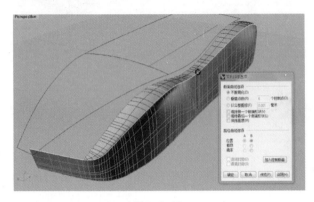

图 7-3-33

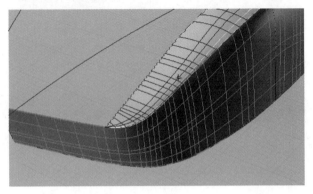

图 7-3-34

Step28：用 Match Surface（衔接曲面工具），先选灰色面边缘再选蓝色面边缘（如图 7-3-35 所示）。

Step29：用 Extract Isocurve（抽离 ISO 线工具），在新建曲面上抽取截面线（如图 7-3-36 所示）。

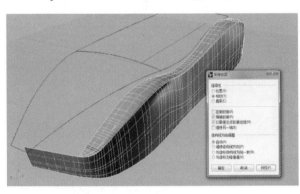

图 7-3-35

图 7-3-36

Step30：在 Top 视图中，用直线工具，沿背景图的切缝线画两条直线（如图 7-3-37 所示）。

Step31：将新建曲面复制一份到其他图层，用 29、30 步骤中得到的曲线在 Top 视图中将 Trim（修剪），得到如图的曲面（如图 7-3-38 所示）。

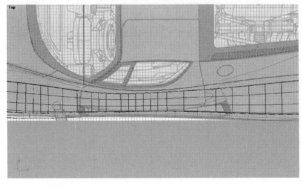

图 7-3-37

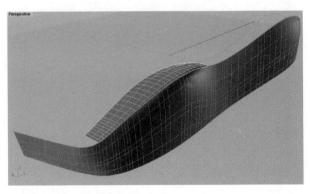

图 7-3-38

7.4　车前脸建模

Step1：在 Front 视图中，用 Control Point Curve（控制点曲线）作出如图的曲线，端点要与曲面端点相交（如图 7-4-1 所示）。

Step2：开启最近点，在如图两条曲线之间画一条直线（如图 7-4-2 所示）。

Step3：用 Sweep 2 Rails（双轨扫掠），在这四条曲线围成的区域内建如图曲面（如图 7-4-3 所示）。

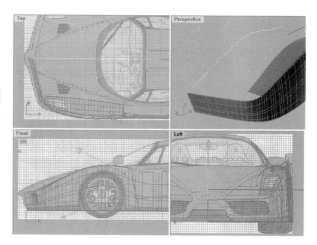

图 7-4-1

Step4：用抽离 ISO 线工具，取端点处曲面 ISO 线，然后删除曲面。再用 Sweep 2 Rails（双轨扫掠），建立如图曲面（如图 7-4-4、图 7-4-5 所示）。

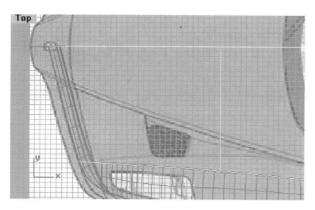

图 7-4-2

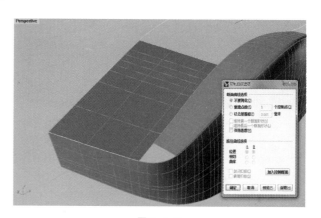

图 7-4-3

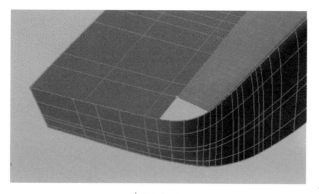

图 7-4-4

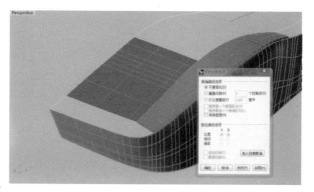

图 7-4-5

Step5：用 Rebuild Surface（重建曲面工具），设置 U=6，V=6。然后，打开控制点（如图 7-4-6 所示）。

Step6：在 Front 视图中，按住 Shift 键向下一排一排调整控制点，保持第一排控制点不动。调整到大概如图位置（如图 7-4-7 所示）。

Step7：用 Blend Surface（混接曲面），将两个曲面链接起来。设置混接转折分别为 1.0，0.25（如图 7-4-8、图 7-4-9 所示）。

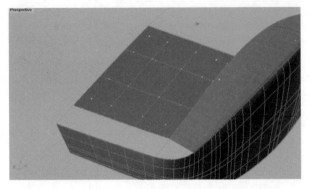

图 7-4-6

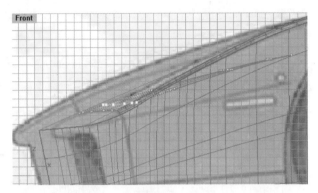

图 7-4-7

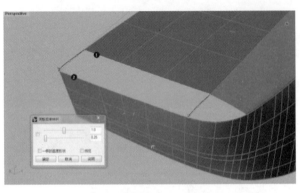

图 7-4-8

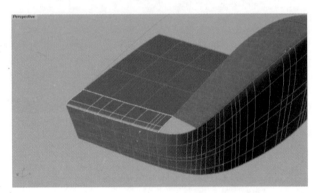

图 7-4-9

Step8：再复制曲面边缘，用 Sweep 2 Rails ⬛（双轨扫掠）新建一个完整的曲面（如图 7-4-10 所示）。

Step9：画两条直线。注意起止点的位置，下边那条端点要与曲面端点重合，然后用这两条曲线剪切曲面（如图 7-4-11、图 7-4-12 所示）。

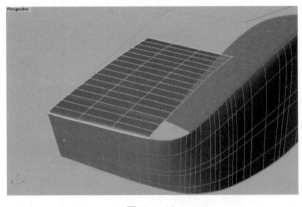

图 7-4-10

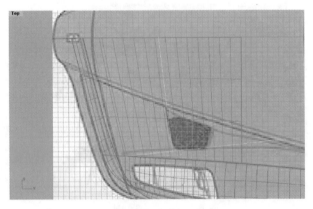

图 7-4-11

Step10：切换至透视图，现在把几个面补上。用 Surface from Network of Curves ⬛（网线建面工具），分别点选面的边缘，如图设置建立扇形曲面（如图 7-4-13 所示）。

Step11：用 Blend Surface ⬛（混接曲面工具），连接上下两面，如图设置断点位置。在 Top 视图中调整曲率，使之过渡平滑（如图 7-4-14、图 7-4-15 所示）。

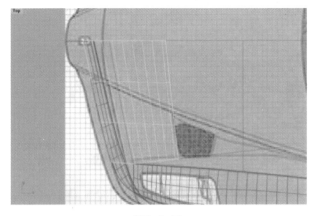

图 7-4-12

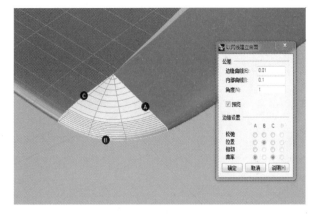

图 7-4-13

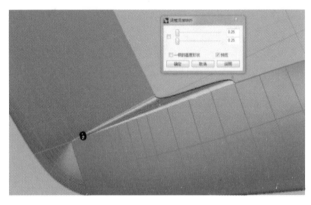

图 7-4-14

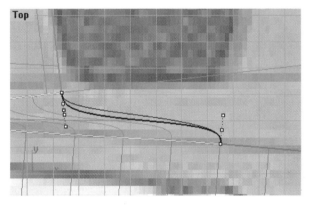

图 7-4-15

Step12：在如图 7-4-16 所示位置画出曲线。

Step13：用 Rebuild Surface 📷（重建曲面工具），设置 U=108，V=10，将车侧面重建。然后用上步中画出的曲线裁剪（如图 7-4-17 所示）。

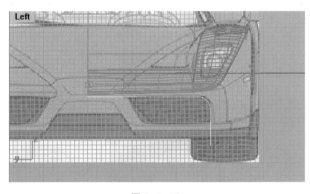

图 7-4-16

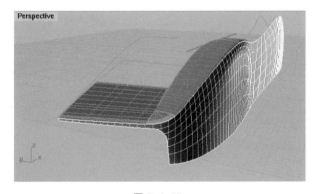

图 7-4-17

Step14：在 Left 视图中，用曲线工具画出如图曲线，注意一个端点要用最近点锁定曲面边缘，另一个端点用 3 个控制点保持水平（如图 7-4-18 所示）。

Step15：切换至 Front 视图，调整控制点（如图 7-4-19 所示）。

Step16：在 Left 视图中，用 Control Point Curve 🔲（控制点曲线）画出如图曲线。再切换至 Top 视图中，开启控制点调整至如图位置（如图 7-4-20、图 7-4-21 所示）。

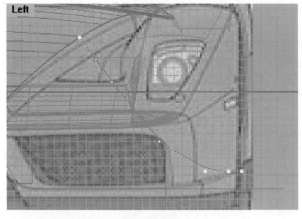

图 7-4-18

图 7-4-19

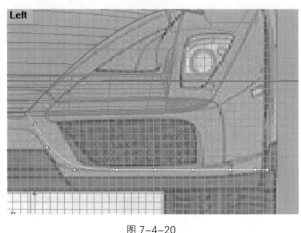

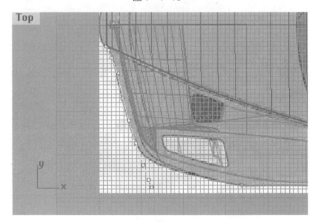

图 7-4-20

图 7-4-21

Step17： 用直线工具，作出如图直线与两曲线相交。注意保持直线在 Top 视图中水平，且一个端点和曲线的一端交于一点（如图 7-4-22 所示）。

Step18： 把曲线多余部分剪切掉，再用 Sweep 2 Rails （双轨扫掠）作出曲面（如图 7-4-23 所示）。

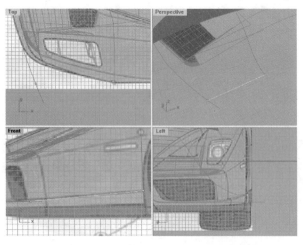

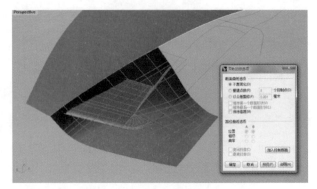

图 7-4-22

图 7-4-23

Step19： 在如图位置取曲面的 ISO 线（如图 7-4-24 所示）。

Step20： 开启曲线的控制点，用 Refit （修整曲线工具），设置修整公差为 0.1。在 Left 视图中，向下调整曲线水平方向的控制点（如图 7-4-25 所示）。

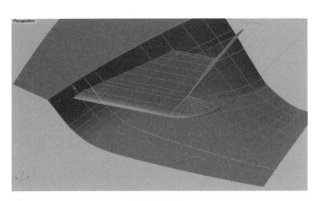

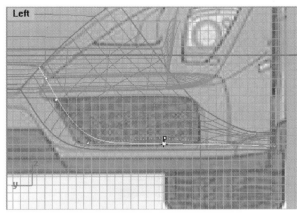

图 7-4-24 图 7-4-25

Step21：用 Expend Curve ✎（曲线延长工具），将下边缘直线延长至如图位置（如图 7-4-26 所示）。

Step22：用 Control Point Curve ⬚（控制点曲线），在 Left 视图中取直线端点位置，再在 Front 视图中去曲面边缘最近点。作出下图曲线（如图 7-4-27 所示）。

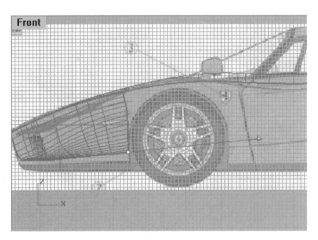

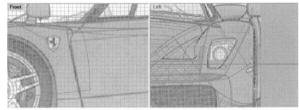

图 7-4-26 图 7-4-27

Step23：用 Rebuild Surface ▦（重建曲面工具），将新建曲面设置为 U=10，V=50；阶数为 5（如图 7-4-28 所示）。

Step24：用 Match Surface ⤤（衔接曲面工具），选择两个曲面边缘，连续性设置为曲率。如果发现衔接得不够流畅，可以返回调整 ISO 线再衔接（如图 7-4-29 所示）。

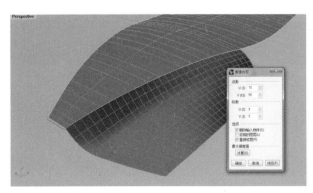

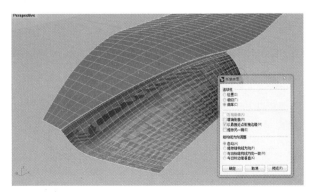

图 7-4-28 图 7-4-29

Step25：在 Top 视图中，画如图所示空间曲线（如图 7-4-30 所示）。

Step26：用 Split ⬚（分割），在 Top 视图中将图中曲面分割成两块（如图 7-4-31 所示）。

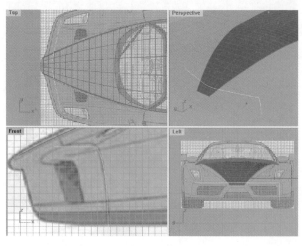

图 7-4-30

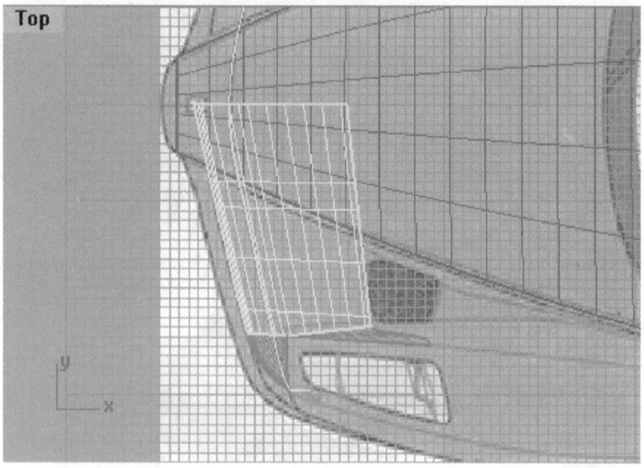

图 7-4-31

Step27：显示图中曲面，用 Object Intersection ⬚（物件交集工具），得到两曲面的相交线（如图 7-4-32 所示）。

Step28：用 Extract Isocurve ⬚（提取 ISO 线工具），开启端点捕捉，在如图曲面上抽离两根 ISO 线。两根线交于曲面交线的端点（如图 7-4-33 所示）。

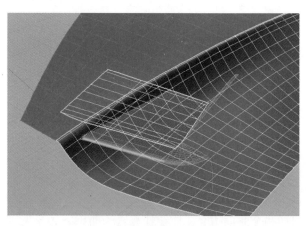

图 7-4-32

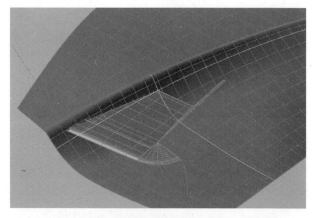

图 7-4-33

Step29：用 Split ⬚（分割），再用 Trim ⬚（修剪），将曲面修剪成如图所示形状（如图 7-4-34 所示）。

Step30：用 Blend Surface ⬚（混接曲面工具），将图示两曲面连接起来。注意前后 4 个端点的位置，调整控制杆，确保曲面衔接得平滑（如图 7-4-35、图 7-4-36 所示）。

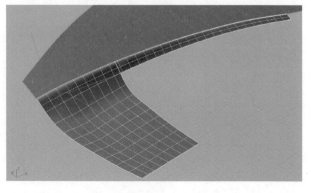

图 7-4-34

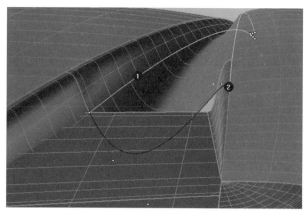

图 7-4-35

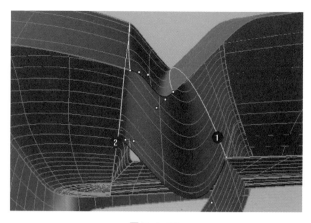

图 7-4-36

Step31：删除原来的补面，用 Blend Surface 🖰（混接曲面工具），再新建一个补面，注意调整好控制点（如图 7-4-37、图 7-4-38 所示）。

图 7-4-37

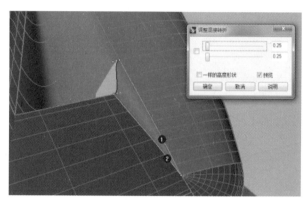

图 7-4-38

Step32：再用 Blend Surface 🖰（混接曲面工具），将一块三角形的面补上（如图 7-4-39 所示）。

Step33：以上几个面需要反复调整，使曲面之间过渡自然平滑，以达到最佳效果（如图 7-4-40、图 7-4-41 所示）。

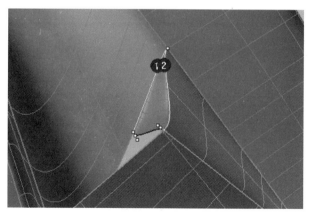

图 7-4-39

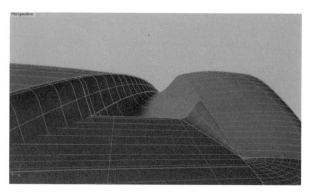

图 7-4-40

Step34：在 Front 视图中，用作圆 Circle ⊙和 Control Point Curve 🖰（控制点曲线）画出车轮外缘轮廓，再将车侧面裁剪（如图 7-4-42 所示）。

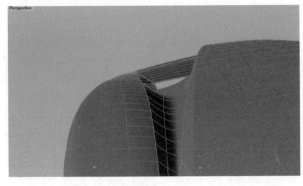

图 7-4-41

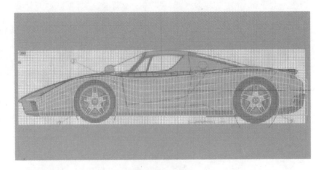

图 7-4-42

Step35：在 Top 视图中，用 Control Point Curve（控制点曲线）沿背景图画出车前部轮廓。开启控制点，在 Front 视图中，调整车头部分曲线，使之与上面相交（如图 7-4-43 所示）。

Step36：显示要修剪的曲面，在 Top 视图中用上一步画的曲线裁剪（如图 7-4-44 所示）。

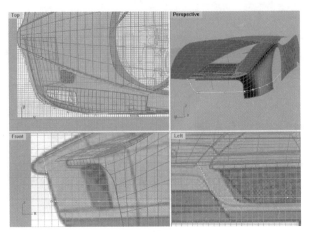

图 7-4-43

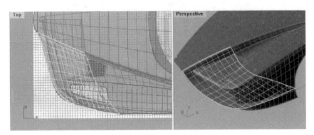

图 7-4-44

Step37：点 ，将新建的几个小面调整到同一图层。然后用 Mirror（镜像），将其全部复制到车的另一边（如图 7-4-45、图 7-4-46 所示）。

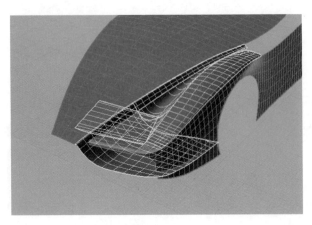

图 7-4-45

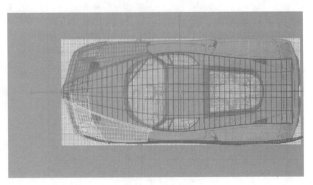

图 7-4-46

Step38：选择如图的 3 个曲面，点 Copy（复制工具）。切换至 Front 视图中，复制的起点选曲面相交的端点处，终点如图所示位置。将 3 曲面向下复制一层（如图 7-4-47、图 7-4-48 所示）。

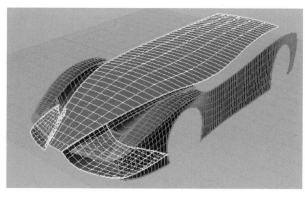

图 7-4-47

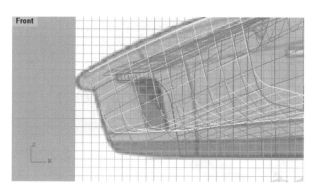

图 7-4-48

Step39：用 Blend Surface （混接曲面工具），将上 3 个面和下 3 个面连接起来，作出车的前沿曲面（如图 7-4-49 所示）。

Step40：在 Left 视图中，用 Rectangular Plane: Corner to Corner（矩形平面工具），画出车的出风口挡板。在 Front 视图中平移到适当位置（如图 7-4-50、图 7-4-51 所示）。

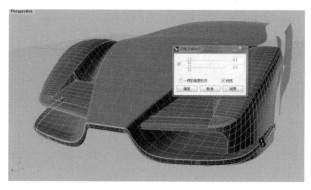

图 7-4-49

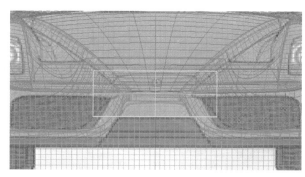

图 7-4-50

Step41：再用工具 Object Intersection（物件交集工具），复制平面与两相交曲面的交线。用该交线将矩形平面修剪（如图 7-4-52 所示）。

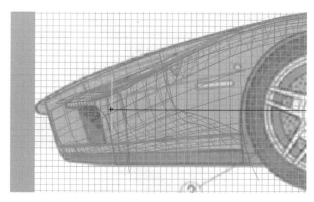

图 7-4-51

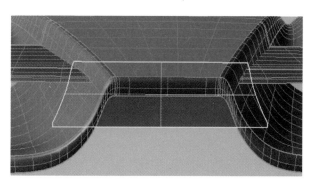

图 7-4-52

Step42：在 Front 视图中，作出如图的一个曲线轮廓（如图 7-4-53 所示）。

Step43：在 Left 视图中，用 Extrude Straight（挤出平面曲线工具），将上步中的曲线挤出成型（如图 7-4-54 所示）。

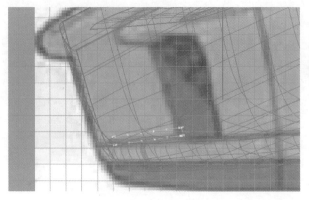

图 7-4-53

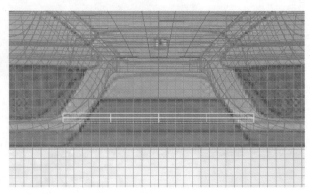

图 7-4-54

Step44：至此，车的前脸部分就基本做完了（如图 7-4-55 所示）。

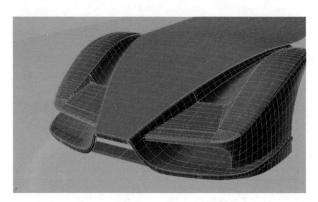

图 7-4-55

7.5 车侧面建模

Step1：在 Top 视图中，照着背景图画如图直线（如图 7-5-1 所示）。

Step2：调出隐藏的曲面（或者利用原来的线重新建车侧上沿曲面），在 Top 视图中用上一步中的直线进行修剪，得到如图曲面（如图 7-5-2 所示）。

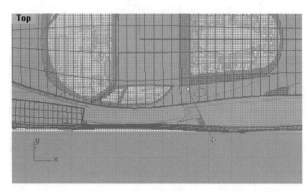

图 7-5-1

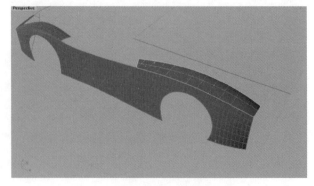

图 7-5-2

Step3：在 Front 视图中，用 Polyline ⚲（多重直线）Control Point Curve ⬚（控制点曲线）作出 3 条曲线。3 条曲线的位置如图所示，与背景图中 ISO 线要重合，且注意两个端点的位置要在面的交点处（如图 7-5-3、图 7-5-4 所示）。

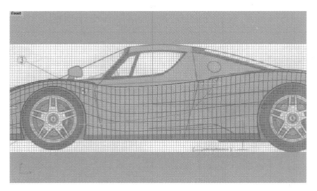

图 7-5-3

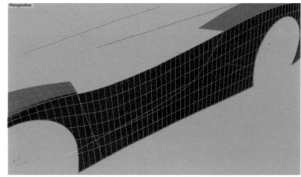

图 7-5-4

Step4：在 Front 视图中，利用这 3 条曲线，对车的侧面进行修剪。先进行两次 Split （分割），再做一次 Trim （修剪），即可得如图的曲面（如图 7-5-5 所示）。

Step5：用 Shrink Trimmed Surfurface （缩回已修剪曲面工具），对修剪的曲面进行处理。用 Rebuild Surface （重建曲面工具），将曲面设置更改为 U=11，V=7，阶数都为 3。注意要点选重新修剪（如图 7-5-6 所示）。

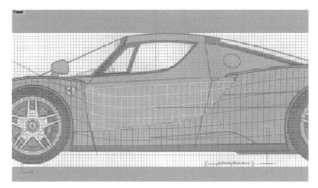

图 7-5-5

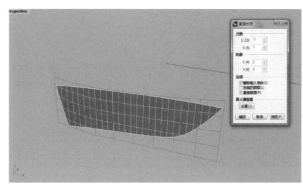

图 7-5-6

Step6：打开控制点，用 Remove a Control Point （移除节点工具），将曲面最右边的一根 ISO 线删除（如图 7-5-7 所示）。

Step7：切换至 Top 视图中，将曲面往上平移至于背景图所示位置。调整两端点控制点，使曲面呈现两边凹进效果（如图 7-5-8 所示）。

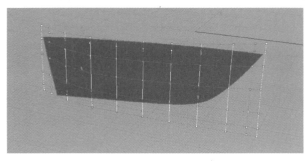

图 7-5-7

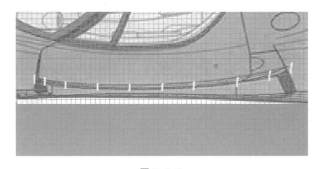

图 7-5-8

Step8：用 Duplicate edge （复制边缘工具），将新建曲面的 3 个边线复制出来，然后删除该曲面（如图 7-5-9 所示）。

Step9：打开下边曲线的控制点，在 Front 视图中，调整控制点到如图位置（如图 7-5-10 所示）。

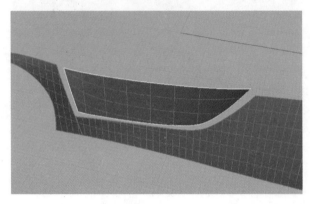

图 7-5-9

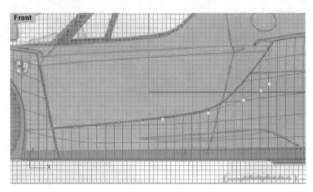

图 7-5-10

Step10：再用 Polyline（多重直线），将两端点连接起来（如图 7-5-11 所示）。

Step11：用 Sweep 2 Rails（双轨扫掠），建立新曲面（如图 7-5-12 所示）。

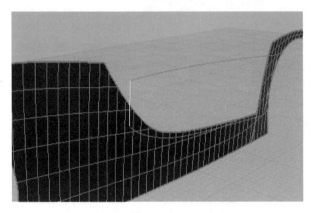

图 7-5-11

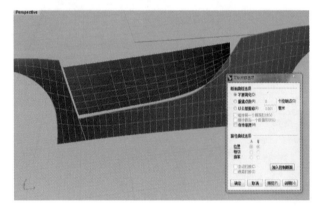

图 7-5-12

Step12：再将新曲面左侧延长至如图位置（如图 7-5-13 所示）。

Step13：显示隐藏图层，在透视图中，用 Sweep 1 Rail（单轨扫掠），以车的上曲面边缘为轨道线，作出一条连接前后的曲面（如图 7-5-14 所示）。

图 7-5-13

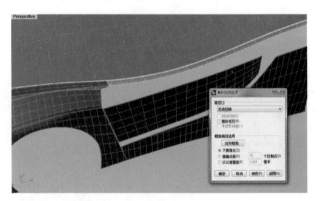

图 7-5-14

Step14：在 Top 视图中，用（复制边缘工具），取如图曲面的边缘。然后沿着背景图的线延长曲线，至两个面的交点处（如图 7-5-15、图 7-5-16 所示）。

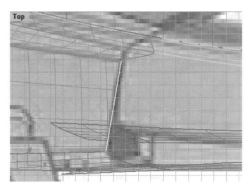

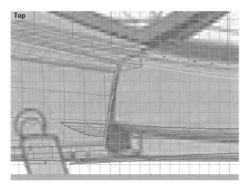

图 7-5-15
图 7-5-16

Step15：用该曲线，使用 Split ▦（分割）曲面（如图 7-5-17 所示）。

Step16：将其中一块曲面与长条形曲面组合，删除多余部分曲面（如图 7-5-18 所示）。

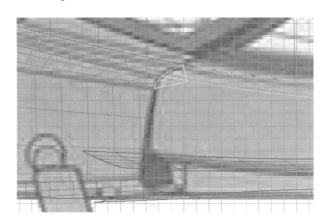

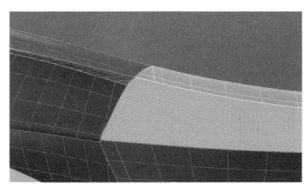

图 7-5-17
图 7-5-18

Step17：用 Blend Surface ▦（混接曲面工具），选取上面两段曲面边缘和下面一段曲面边缘，调整端点曲率参数，得到如图曲面。要特别注意端点的位置（如图 7-5-19 所示）。

Step18：用 Sweep 1 Rail ▦（单轨扫掠），将新建曲面向左延长（如图 7-5-20 所示）。

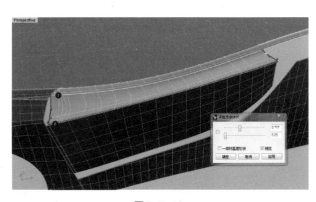

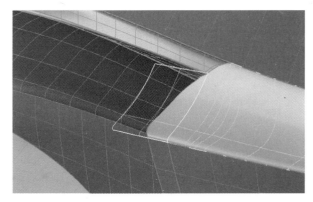

图 7-5-19
图 7-5-20

Step19：显示隐藏的车后曲面，用 Rebuild Surface ▦（重建曲面工具），设置为 U=9，V=97，阶数为 5（如图 7-5-21 所示）。

Step20：切换至 Top 视图，用 Control Point Curve （控制点曲线）沿背景图车尾部线作一条曲线。调整控制点，使该曲线能沿水平坐标轴对称。然后用该曲线修剪掉多余曲面（如图 7-5-22、图 7-5-23 所示）。

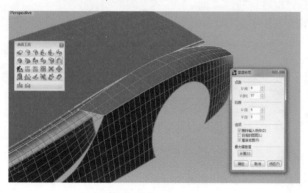

图 7-5-21

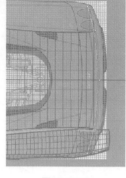

图 7-5-22

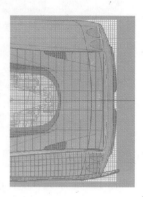

图 7-5-23

Step21：切换至 Front 视图，再用 Control Point Curve （控制点曲线）沿背景图车尾部棱线作一条曲线。用修剪工具，将车侧面多余部分修剪掉（如图 7-5-24、图 7-5-25 所示）。

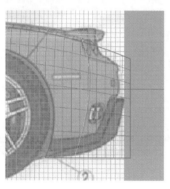

图 7-5-24

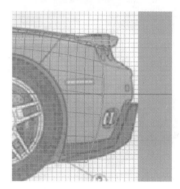

图 7-5-25

Step22：在透视图中，用 Fillet Surface （曲面圆角工具），将刚修剪完的两曲面倒半径为 1 的圆角（如图 7-5-26 所示）。

Step23：切换至透视图，新建的曲面圆角前端需要修剪。用 Blend Curves （混接曲线工具），点选相邻两个面的边缘，建一条曲线。再用该曲线修剪曲面圆角多余部分（如图 7-5-27、图 7-5-28 所示）。

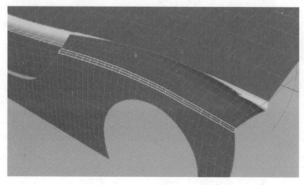

图 7-5-26

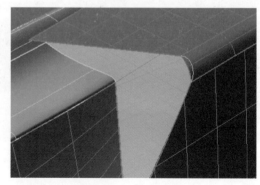

图 7-5-27

Step24：至此，车的侧面基本建成。最后将以上新建的曲面都移到同一图层中，将不用的线和面移至其他图层隐藏（如图 7-5-29 所示）。

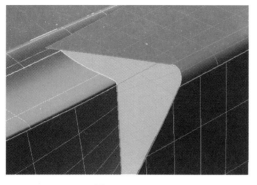

图 7-5-28

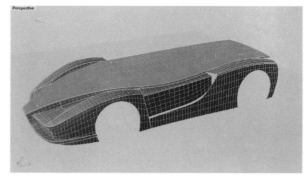

图 7-5-29

7.6 车顶盖车窗建模

Step1：调出隐藏的线，如图位置，用这根线 Split （分割）曲面。再隐藏不用的曲线（如图7-6-1、图 7-6-2 所示）。

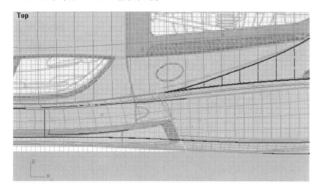

图 7-6-1

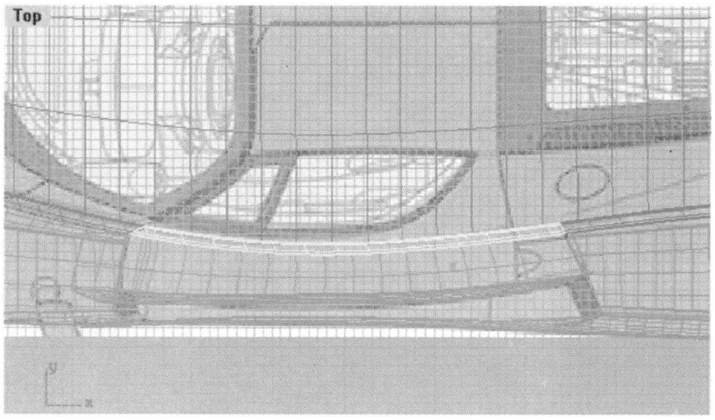

图 7-6-2

Step2：用 Mirror （镜像）将车侧新建好的曲面复制到另一侧（如图 7-6-3 所示）。

Step3：隐藏车上面曲面，Duplicate edge （复制边缘工具），将上面分割出来的曲面边缘复制出来（如图 7-6-4 所示）。

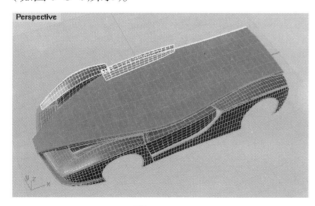

图 7-6-3

图 7-6-4

Step4：用 Blend Curves （混接曲线工具），分别选中刚复制的两根曲线前端，得如图曲线。打开 Coutrol Points on （曲线控制点），再用 Rebuild （重建曲线工具）增加曲线控制点。适当调整控制点，使曲线与背景图中车前窗下沿线重合（如图 7-6-5、图 7-6-6 所示）。

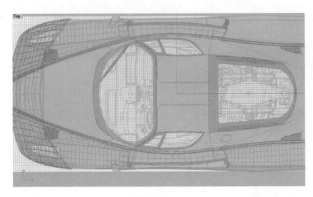

图 7-6-5

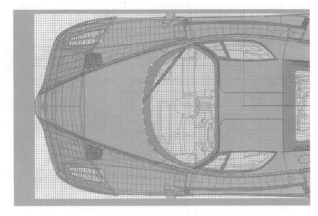

图 7-6-6

Step5：用同样的方法把车后窗下沿线做出来（如图 7-6-7 所示）。

Step6：将做好的四条曲线用工具 Join 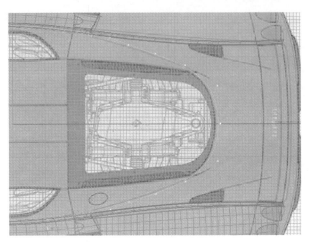（结合）组合起来（如图 7-6-8 所示）。

图 7-6-7

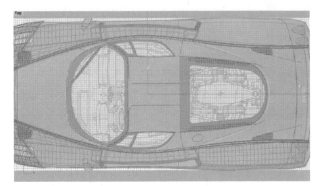

图 7-6-8

Step7：显示隐藏的车上盖曲面，用上面的曲线进行 Trim（修剪）（如图 7-6-9 所示）。

Step8：用 Control Point Curve（控制点曲线）沿背景图做如图所示曲线，注意曲线保持沿水平坐标轴对称。然后用该 Trim（修剪）车后盖曲面（如图 7-6-10、图 7-6-11 所示）。

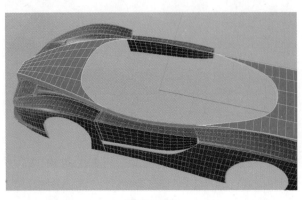

图 7-6-9

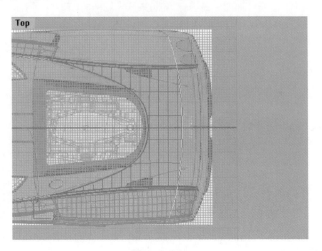

图 7-6-10

Step9：用 Polyline ⚡（直线工具），做一条过原点的水平直线（如图 7-6-12 所示）。

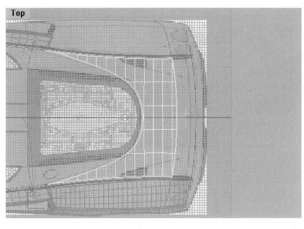

图 7-6-11

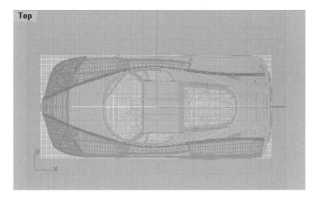

图 7-6-12

Step10：开启中点和交点捕捉，用 Control Point Curve ⬚（控制点曲线）在 Top 视图中捕捉曲线的中点，在 Front 视图中画车顶的曲线轮廓。注意两端点要与椭圆曲线中点相交（如图 7-6-13、图 7-6-14 所示）。

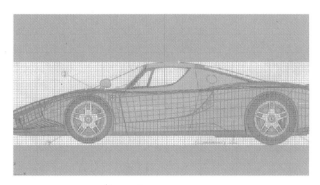

图 7-6-13

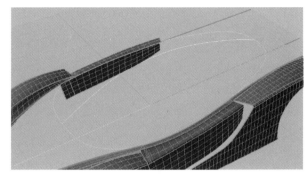

图 7-6-14

Step11：用同样的方法，在 Top 视图中捕捉曲线中点，在 Left 视图中画出车顶的轮廓线。注意所做的这两根曲线在车顶处一定要相交于同一点，否则无法进行建面（如图 7-6-15、图 7-6-16 所示）。

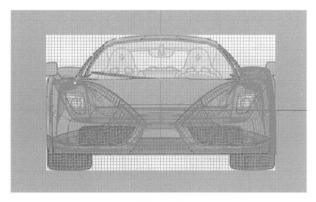

图 7-6-15

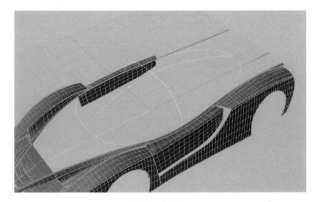

图 7-6-16

Step12：用 Split ⬚（分割），将新建的 2 根曲线分割成 4 根（如图 7-6-17 所示）。

Step13：用 Surface from Network of Curves ⬚（网线建面工具），先选取椭圆形曲线，然后依次选取车顶 4 根曲线。确认后建成如图半球形曲面（如图 7-6-18 所示）。

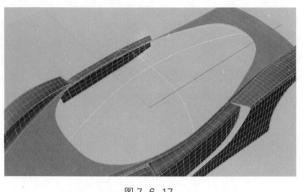

图 7-6-17

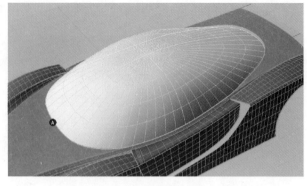

图 7-6-18

Step14：在车尾与车后窗处有一缝隙。先用 Extract Isocurve ◢（抽离 ISO 线工具），捕捉端点复制一条 ISO 线（如图 7-6-19 所示）。

Step15：用 Adjustable Curve Blend ◢（可调式混接曲线工具），分别选取上下两根曲线的最近端，稍微调整下控制点，得如图的截面曲线（如图 7-6-20 所示）。

图 7-6-19

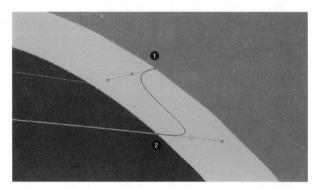

图 7-6-20

Step16：用 Sweep 2 Rails ◢（双轨扫掠），截面线分别选两曲面相交的端点、上一步中截面线和终点（如图 7-6-21 所示）。

Step17：切换至 Top 视图，Control Point Curve ◢（控制点曲线）在如图位置做一条曲线。作为车前视玻璃的分割线，要注意端点位置与其他几个面相交。然后用 Trim ◢（修剪），将车顶曲面修剪（如图 7-6-22、图 7-6-23 所示）。

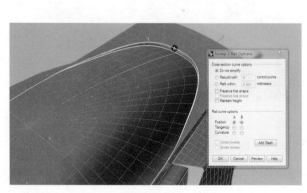

图 7-6-21

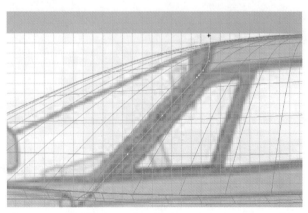

图 7-6-22

Step18：用 Split ▦（分割），将如图曲线分割出来（如图 7-6-24 所示）。

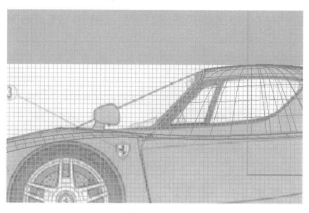

图 7-6-23

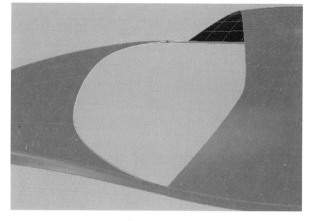

图 7-6-24

Step19：打开 Control Points on ▨（控制点），用 Rebuild ▨（重建曲线工具）增加曲线的控制点。在 Top 视图中，向下拉曲线控制点，注意对称关系（如图 7-6-25 所示）。

Step20：用 Polyline ▨（多重直线），开启中点捕捉，连接两曲线做截面线（如图 7-6-26 所示）。

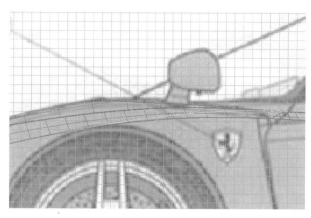

图 7-6-25

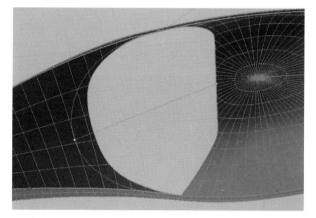

图 7-6-26

Step21：用 Sweep 2 Rails ▨（双轨扫掠），选取两条轨道线，开启端点捕捉，分别选点、直线、点，如图所示做出曲面（如图 7-6-27、图 7-6-28 所示）。

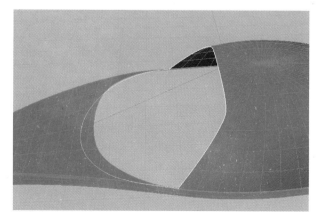

图 7-6-27

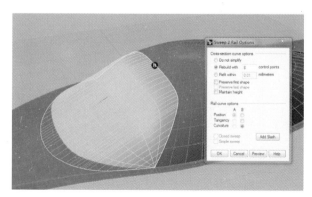

图 7-6-28

Step22：再用 Rebuild Surface（重建曲面工具），设置参数 U=30，V=10，阶数为 5，新建曲面如图（如图 7-6-29 所示）。

Step23：用 Extract Isocurve（抽离 ISO 线工具），开启中点捕捉，复制如图曲面的 ISO 线（如图 7-6-30 所示）。

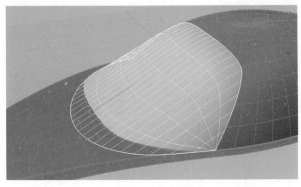

图 7-6-29

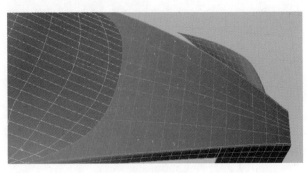

图 7-6-30

Step24：用 Adjustable Curve Blend（可调式混接曲线工具），分别选取要混接的曲线相近端，调节控制点。如图所示，做出截面曲线（如图 7-6-31 所示）。

Step25：和前面修补两个面之间缝隙的方法一样，用 Sweep 2 Rails（双轨扫掠），建出曲面（如图 7-6-32 所示）。

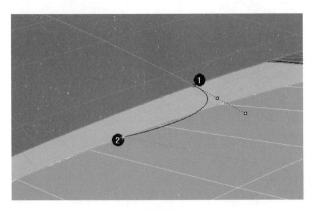

图 7-6-31

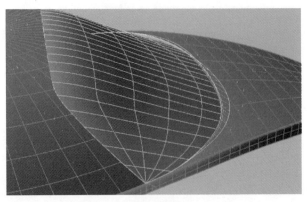

图 7-6-32

Step26：至此，车的顶部几个面就建好了（如图 7-6-33 所示）。

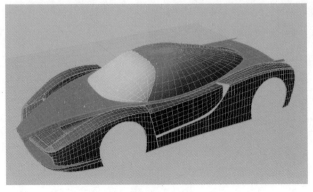

图 7-6-33

7.7　车尾部建模

Step1：将车尾侧面3块面用Mirror （镜像）复制到另一面。再把车尾的面都转移到同一个图层，隐藏暂时不处理的图层（如图7-7-1所示）。

Step2：用Blend Surface（混接曲面工具），新建车尾曲面。在Front视图中，调整混接参数使曲面与背景图相近似（如图7-7-2、图7-7-3所示）。

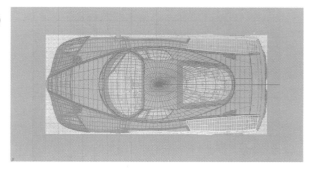

图7-7-1

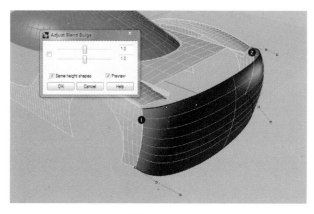

图7-7-2

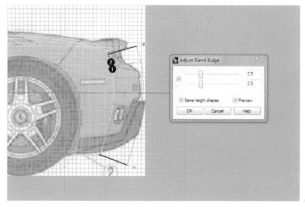

图7-7-3

Step3：开启端点捕捉，用Polyline（多重直线）捕捉侧面上下端点做水平直线。然后用这两条直线修剪曲面（如图7-7-4、图7-7-5所示）。

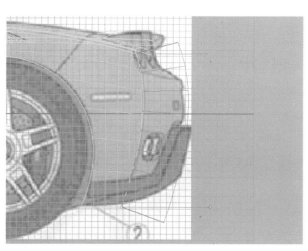

图7-7-4

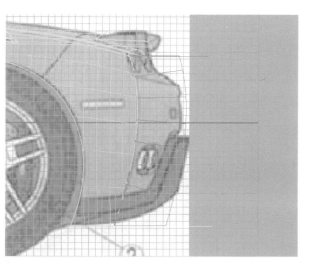

图7-7-5

Step4：用（复制边缘工具），提取曲面上下边缘。再用（抽离ISO线工具），提取曲面中点截面线。然后删除曲面（如图7-7-6、图7-7-7所示）。

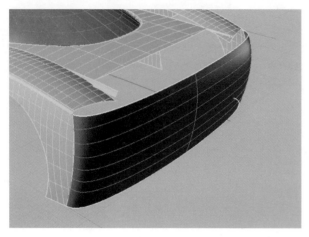

图 7-7-6

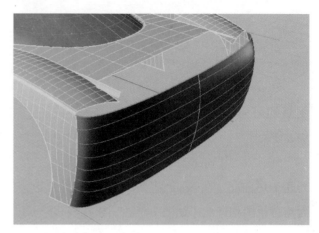

图 7-7-7

Step5：用 ![] （双轨扫掠），重新建立曲面（如图 7-7-8 所示）。

Step6：补尾翼上的面。用 ![] （双轨扫掠），作出如图曲面（如图 7-7-9 所示）。

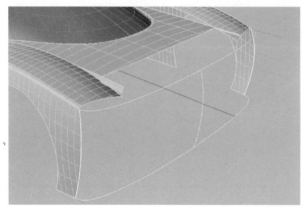

图 7-7-8

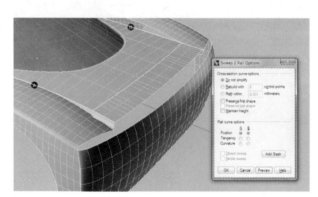

图 7-7-9

Step7：隐藏新建的两个曲面，切换至 Top 视图，用 Polyline ![] （多重直线）在如图位置画一条竖直直线。然后用该 Trim ![] （修剪）车尾的 6 块面（如图 7-7-10、图 7-7-11 所示）。

Step8：切换至 Front 视图，开启端点捕捉，用 Control Point Curve ![] （控制点曲线）照背景图的位置画曲线（如图 7-7-12 所示）。

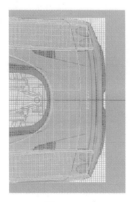

图 7-7-10

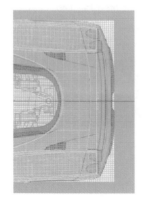

图 7-7-11

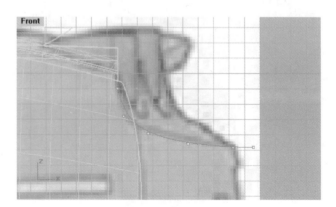

图 7-7-12

Step9：显示两曲面，用新建 Trim 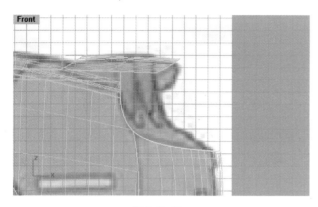（修剪）车尾曲面（如图 7-7-13 所示）。

Step10：用 ▣（补丁曲面工具），依次选择曲面边缘新建如图曲面，注意设置（如图 7-7-14 所示）。

图 7-7-13

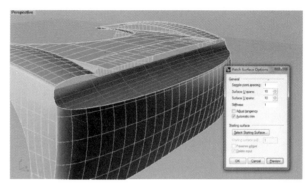

图 7-7-14

Step11：全部隐藏图层，切换至 Right 视图，沿着背景图画如图位置的曲线。保持与纵坐标轴对称（如图 7-7-15 所示）。

Step12：显示图层，用该曲线修剪图中曲面。将修剪完的曲面更换图层（如图 7-7-16 所示）。

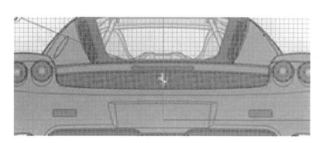

图 7-7-15

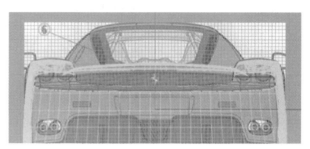

图 7-7-16

Step13：用 Extrude Straight ▣（挤出工具），将修剪后边缘水平挤出一定距离的曲面（如图 7-7-17、图 7-7-18 所示）。

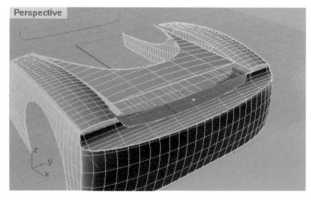

图 7-7-17

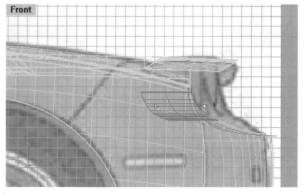

图 7-7-18

Step14：再用 Extrude Straight ▣（挤出工具），拉出一个竖直平面。切换至 Front 视图，将平面往里平移一点距离（如图 7-7-19、图 7-7-20 所示）。

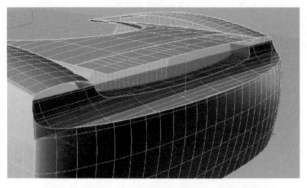

图 7-7-19

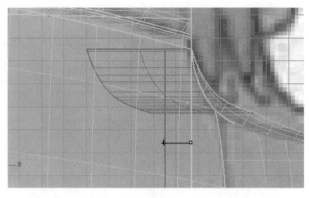

图 7-7-20

Step15：用 Object Intersection （物件交集工具），取这两个曲面的相交线。再用这跟线在 Right 视图中修剪竖直平面（如图 7-7-21、图 7-7-22 所示）。

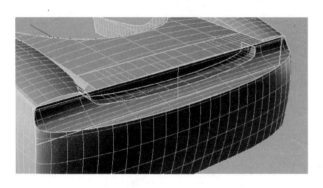

图 7-7-21

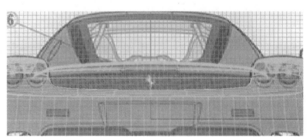

图 7-7-22

Step16：用 Duplicate edge （复制边缘工具），提取修剪曲面的上边缘。打开 Control Point on （控制点），再用 Rebuild （重建曲线工具），将曲线设置为 7 个控制点（如图 7-7-23 所示）。

Step17：切换至 Right 视图，调整控制点使曲线呈向上拱起。再用 Surface from Planner Curves （平面曲线建面工具），以上下边新建平面（如图 7-7-24、图 7-7-25 所示）。

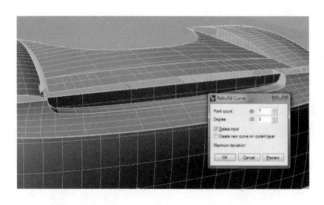

图 7-7-23

图 7-7-24

Step18：用 Blend Surface （混接曲面工具），将尾翼部分曲面连接起来（如图 7-7-26 所示）。

Step19：然后将面之间的缝隙不全。删除如图位置的曲面，用 Blend Surface （混接曲面工具），重新建面连接相邻两个面。调整控制点，使混接曲面过渡平滑（如图 7-7-27、图 7-7-28 所示）。

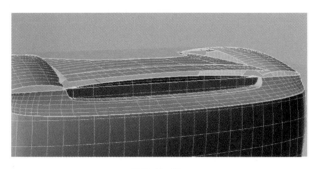

图 7-7-25

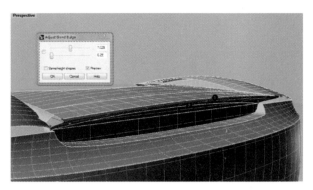

图 7-7-26

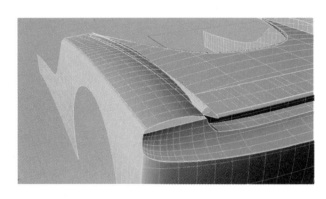

图 7-7-27

图 7-7-28

Step20：用 Duplicate edge （复制边缘工具），提取如图曲面边缘。再用 Extend Curve ✎（曲线延长工具），先选中曲面边缘后端，开启端点捕捉选中延长终点（如图 7-7-29、图 7-7-30 所示）。

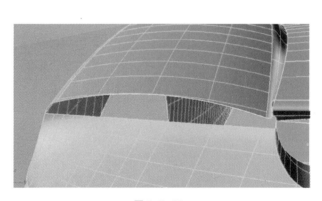

图 7-7-29

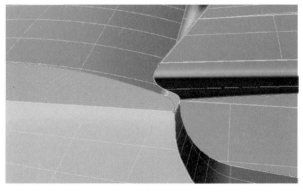

图 7-7-30

Step21：用 Surface from Planner Curves ▣（平面曲线建面工具），将新建的曲线和面的边缘依次选中，建立如图平面（如图 7-7-31 所示）。

Step22：删除图中曲面，用 Blend Surface ▧（混接曲面工具）进行重建。选取相邻两个曲面的边缘，调整控制杆使曲面过渡合理（如图 7-7-32、图 7-7-33 所示）。

Step23：重新调整图中曲面，用 Blend Surface ▧（混接曲面工具），注意端点控制杆位置。这样为修补面之间的缝隙做准备（如图 7-7-34 所示）。

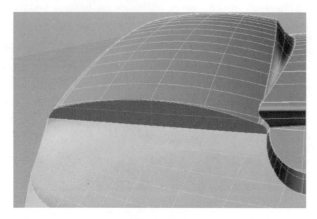

图 7-7-31

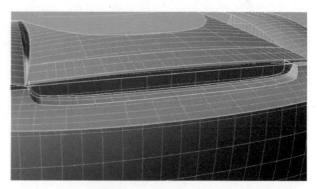

图 7-7-32

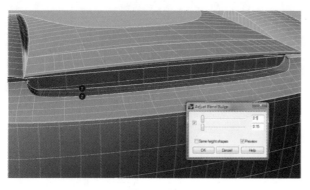

图 7-7-33

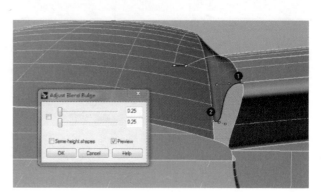

图 7-7-34

Step24：用 Extend Curve ✐（曲线延长工具），如图所示延长边缘曲线到另一个曲面边缘（如图 7-7-35 所示）。

Step25：隐藏周围曲面，用 Sweep 2 Rails ⊠（双轨扫掠），做出曲面（如图 7-7-36 所示）。

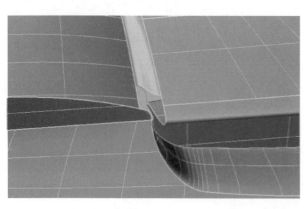

图 7-7-35

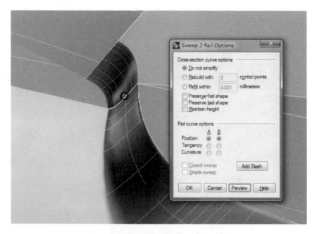

图 7-7-36

Step26：显示隐藏曲面。用 Extract Isocurve ⊠（抽离 ISO 线工具），提取需要缝补的两个面的 ISO 线（如图 7-7-37 所示）。

Step27：用 Adjustable Curve blend ⊠（可调式混接曲线工具），将 ISO 线连接起来，调整控制杆使之平滑过渡（如图 7-7-38 所示）。

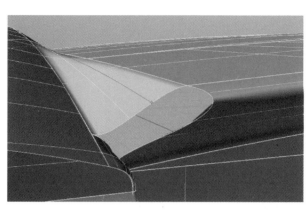

图 7-7-37

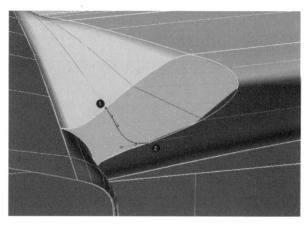

图 7-7-38

Step28：用 Sweep 2 Rails 🔳（双轨扫掠），依次选取点和截面线，建出曲面。在用 Sweep 2 Rails 🔳（双轨扫掠），将曲面补全（如图 7-7-39、图 7-7-40 所示）。

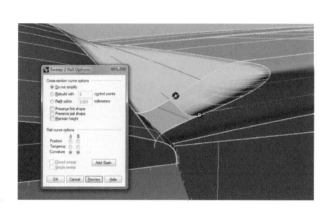

图 7-7-39

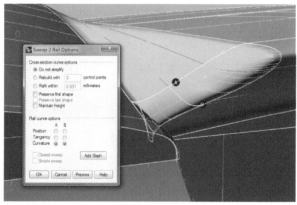

图 7-7-40

Step29：这样车尾需要修补的面基本做完。然后将新建的曲面用 Mirror 🔳（镜像）复制到车的另一侧（如图 7-7-41 所示）。

Step30：在 Right 视图中，沿着背景图画出如图曲线。注意圆角大小要合适，曲线两端稍微伸长点（如图 7-7-42 所示）。

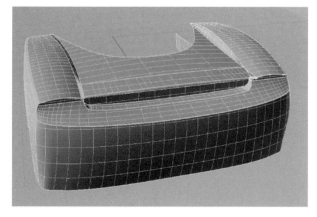

图 7-7-41

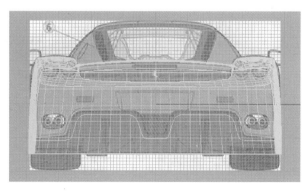

图 7-7-42

Step31：将曲线平移到如图位置，在打开控制点调整（如图 7-7-43 所示）。

Step32：在如图位置画直线，和底盘高度一致（如图 7-7-44 所示）。

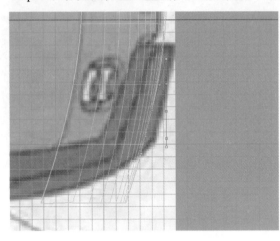 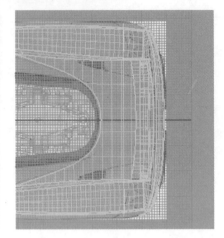

图 7-7-43   图 7-7-44

Step33：用 Control Point Curve ▣（控制点曲线），一端取曲线的中点，在 Front 视图中画出如图曲线（如图 7-7-45 所示）。

Step34：用 Sweep 1 Rail ▣（单轨扫掠），将刚画的曲线连成曲面（如图 7-7-46 所示）。

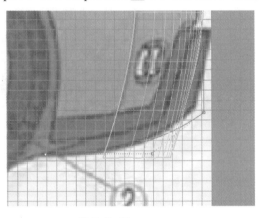 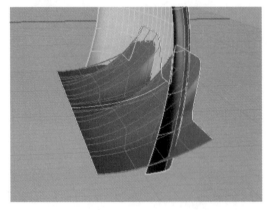

图 7-7-45   图 7-7-46

Step35：将曲面想上复制一个（如图 7-7-47 所示）。

Step36：用新建的曲面和原曲面进行修剪，得到如图的效果（如图 7-7-48 所示）。

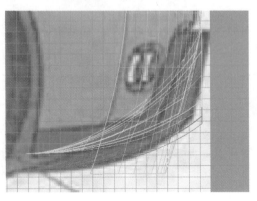 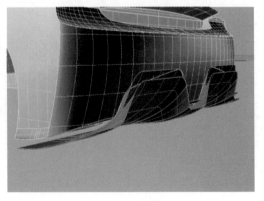

图 7-7-47   图 7-7-48

Step37：用 Blend Curface （混接曲面工具），将两曲面的缝隙补上（如图 7-7-49 所示）。

Step38：再对一些细节进行调整后，车尾部大型就做好了（如图 7-7-50 所示）。

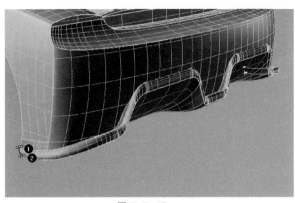

图 7-7-49

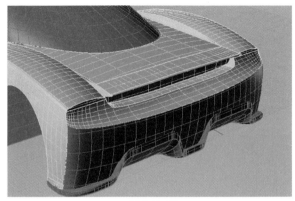

图 7-7-50

7.8 车身细节处理

Step1：如图所示，用 Control Point Curve （控制点曲线）画出车灯轮廓线（如图 7-8-1 所示）。

Step2：用 Offset Curve （偏移曲线），设置偏移量为 0.2，作出曲线。再重复一次设置偏移量为 0.3（如图 7-8-2 所示）。

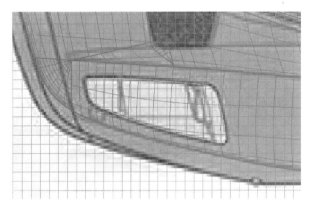

图 7-8-1

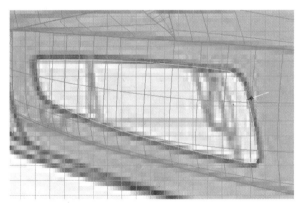

图 7-8-2

Step3：将 Project to Surface （曲线投影）在车身曲面上（如图 7-8-3 所示）。

Step4：用内侧和外侧的曲线裁剪曲面，然后将中间曲线向内拉伸（如图 7-8-4 所示）。

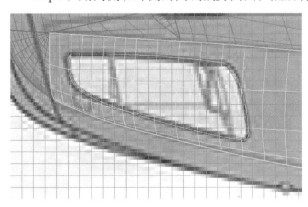

图 7-8-3

图 7-8-4

Step5：用 Blend Surface <img_1/>（混接曲面工具），将两边缝隙补完整。这样就做好了一个车身的缝线（如图 7-8-5 所示）。

Step6：用同样的方法，把几个车灯都做出来（如图 7-8-6 所示）。

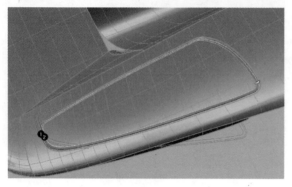
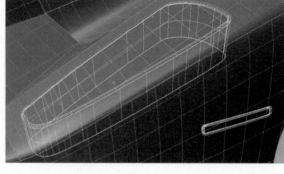

图 7-8-5   图 7-8-6

Step7：将车侧曲面向内复制一个，用 Blend Surface （混接曲面工具）作出车壳的厚度。用同样的办法将其他车壳的厚度表现出来（如图 7-8-7、图 7-8-8 所示）。

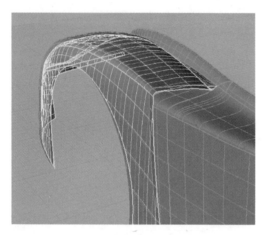
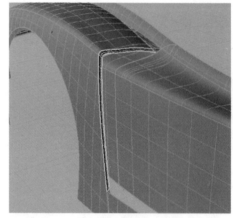

图 7-8-7   图 7-8-8

Step8：用 Blend Surface （混接曲面工具），将车侧面该补上的面补上（如图 7-8-9 所示）。

Step9：用 Trim （修剪），打开 Control Points on （控制点），再用混接曲面工具，作出车侧面的渐进面（如图 7-8-10 所示）。

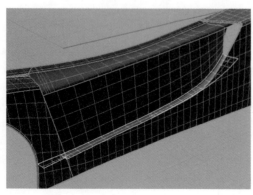
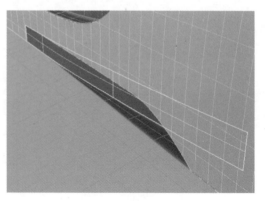

图 7-8-9   图 7-8-10

Step10：做后视镜。用 Control Point Curve ▣（控制点曲线）画出如图三根曲线，Split ▣（分割）交叉的两根曲线（如图 7-8-11 所示）。

Step11：用 Surface from network of Curves ▣（网线建面工具），分别点选经线和纬线，生成如图曲面（如图 7-8-12 所示）。

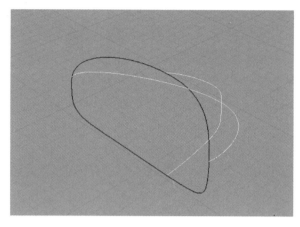

图 7-8-11

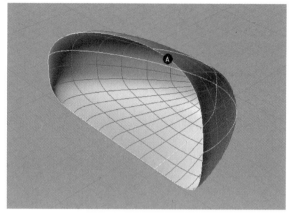

图 7-8-12

Step12：用 Blend Surface ▣（混接曲面工具）将后视镜的细节完善，并调整位置和大小（如图 7-8-13 所示）。

Step13：用 Blend Surface ▣（混接曲面工具）结合其他补面工具，将车窗的细节部分做完整（如图 7-8-14 所示）。

图 7-8-13

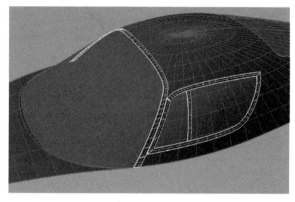

图 7-8-14

Step14：车尾部细节也很多，还是用上述方法，不断修剪完善（如图 7-8-15 所示）。

Step15：在光盘中导入一个车轮模型，用 ▣（3D 缩放工具）将导入的车轮模型调整到合适的大小和位置（如图 7-8-16 所示）。

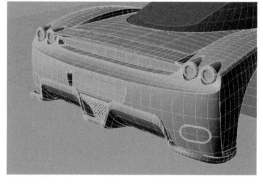

图 7-8-15

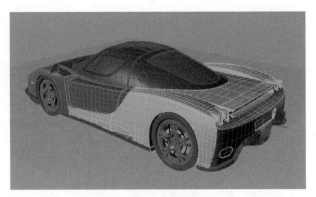

图 7-8-16（a）

图 7-8-16（b）

7.9 法拉利跑车渲染

Step1：将模型导入 3ds max，用其中的 Vray 渲染器渲染。首先要在 Rhino 3D 中将不同材质的面分层处理（如图 7-9-1 所示）。

Step2：打开 3ds max，将模型导入。在 Top 视图中画一个平面，当做地面。然后调出 Vray 渲染器（如图 7-9-2 所示）。

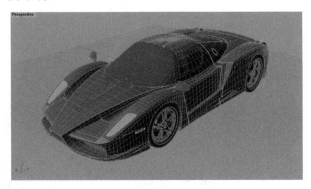

图 7-9-1

图 7-9-2

Step3：首先，勾选环境（天光）覆盖，将颜色设为白色，倍增设为 0.7；然后开启间接照明，在发光贴图设置面板中，将当前预设调到较低（如图 7-9-3、图 7-9-4 所示）。

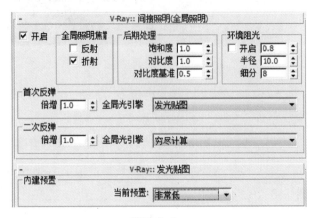

图 7-9-3

图 7-9-4

Step4：打开 Vray 灯光。在顶视图中作出两盏 Vray 灯光，再在其他视图中调整位置，使其一个为主光源一个为辅光源（如图 7-9-5 和图 7-9-6 所示）。

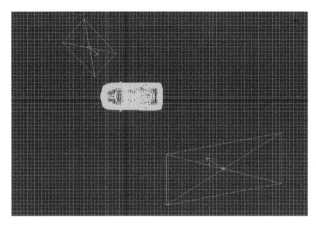

图 7-9-5

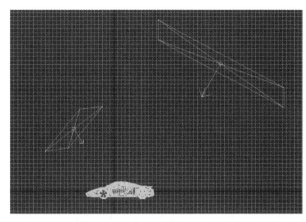

图 7-9-6

Step5：调整灯光参数，渲染一张素色图，来测试打光效果（如图 7-9-7 所示）。

Step6：打开材质编辑器，将一个材质球赋予车身。调整漫反射和反射参数（如图 7-9-8 所示）。

图 7-9-7

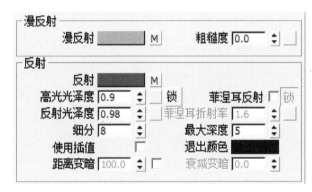

图 7-9-8

Step7：点漫反射颜色后面的小方块，添加一个衰减贴图，两端颜色设置如下。这样能使材质在光照下的颜色更加真实（如图 7-9-9 所示）。

Step8：再分别设置车身上的其他材质球，玻璃、橡胶、金属等。可以反复做渲染测试来调整材质，使其效果更加逼真（如图 7-9-10 所示）。

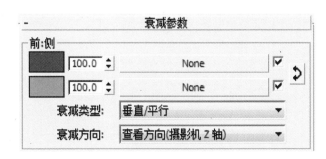

图 7-9-9

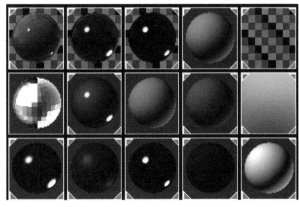

图 7-9-10

Step9：调整渲染角度，用 Ctrl+C 组合键创建摄像机。以便固定最终渲染的角度（如图 7-9-11 所示）。

Step10：高质量图片渲染。在公共里设置需要输出的大尺寸；在发光贴图里，设置预设值为高；在 DMC 采样器中，设置自适应数量为 0.6，噪波为 0.003。最终渲染的效果图如下（如图 7-9-12 所示）。

图 7-9-11

图 7-9-12

思考题

根据本章绘制"Enzo 法拉利"的方法自己找图绘制一辆"兰博基尼"跑车。

Rhino 3D快捷键大全

Ctrl+N 新建一个文档

Ctrl+O 打开一个文件

Ctrl+S 保存文件

Ctrl+P 打印设置

Ctrl+Z 取消

Ctrl+Y 重复

Ctrl+A 选择全部物体

Ctrl+X 剪贴

Ctrl+C 拷贝到剪贴板

Ctrl+V 粘贴

Delete 删除

Shift+ 按住鼠标右键

Shift+ 按住鼠标右键拖动平移

Page Up 向前平移

Page Down 向后平移

Ctrl+ 按住鼠标右键向上拖动、放大

Ctrl+ 按住鼠标右键向下拖动、缩小

Home 取消最近一次缩放

End 重做最后一次缩放

Ctrl+Shift+ 按住鼠标右键拖动，在透视窗里，按住鼠标右键拖动旋转

down arrow 向下旋转

left arrow 向左旋转

right arrow 向右旋转

up arrow 向上旋转

Ctrl+Shift+Page Up 向左倾斜

Ctrl+Shift+Page Down 向右倾斜

Shift+Page Up、Shift+Page Down（透视视窗）调节镜头长度

F1 帮助

F2 显示命令历史

F7 隐藏显示栅格线

F8 正交

F9 捕捉栅格点

F10 打开 CV 点

F11 关闭 CV 点

Ctrl+F1 最大化 Top 视图

Ctrl+F2 最大化 Front 视图

Ctrl+F3 最大化 Right 视图

Ctrl+F4 最大化 Perspective 视图

参 考 文 献

［1］ 丁峰. TOP 3d 造型技术：Rhino 3 高级应用技法详解［M］. 北京：兵器工业出版社，北京：科海电子出版社，2006.

［2］ 范卓明，张曜. Rhino 工业产品造型设计典型实例［M］. 北京：兵器工业出版社，北京：希望电子出版社，2006.

［3］ 韩涌. MAX & Rhino 工业造视效风暴［M］. 北京：科海电子出版社，2003.

［4］ 周豪杰. 犀牛 Rhino 3D 魔典［M］. 北京：希望电子出版社，2002.

［5］ http://www.xuexiniu.com/

［6］ http://bbs.rhino3d.us/forum.php

致　　谢

　　首先感谢我的妻子。在本书写作过程中正好赶上儿子出生，我的妻子毅然承担了繁重的家庭工作，使我能够腾出时间顺利完成写作。这段时间真是一段令人难忘的经历！衷心感谢妻子的帮助！

　　谢谢我的父母。忙于写书，无法分担家务，亦无法尽孝膝前。父母的养育之恩无以为报，他们是我20多年求学和工作路上的坚强后盾，他们的爱与支持，是我前进的不竭动力！

　　感谢我的合作伙伴金纯，他是一个上进心很强的青年车辆专家，有着非常丰富的专业知识，在本书的撰写过程中提供很多方面的协助，为本书的顺利完成付出了辛勤的劳动，他的工作为本书增色不少。

　　感谢我的同事杨建明教授、宗明明教授、杨新教授和孙远波教授，他们为本书提供了支持和建设性意见。他们的敬业精神是我的榜样和力量源泉。

　　我非常感谢淡智慧主任，感谢她耐心地引导我进行第一次写作，并给我提供了宝贵而必不可少的指导和支持。

　　感谢李世国教授在阅读本书之后，给我提供了非常宝贵的指导性的意见。

　　最后，我还要感谢我的优秀的学生们，薄妮、刘冰妍、彭鹏、杨茜、周承礼等，在本书撰写过程中，他们给了我很多的帮助。

　　感谢每一个欣赏本书、愿意分享并有着共同愿景的公司和个人。

李光亮

2012 年 3 月